Lernspaß mit Pfiff

Mathematik
1. Klasse

Darf ich mich vorstellen?
Mein Name ist Pfiff!

Ich werde dich durch dieses Buch begleiten. Hier kannst du alles wiederholen, was du in der Schule gelernt hast.

Der Stift bedeutet:

Hier sollst du etwas ausfüllen.

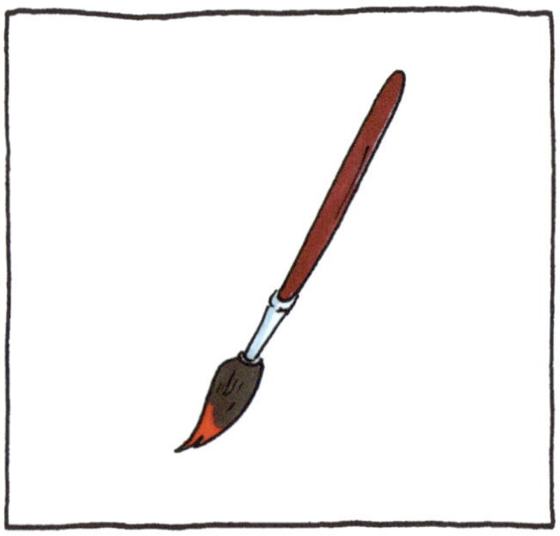

Der Pinsel bedeutet:

Hier sollst du etwas malen.

Inhalt

Kapitel 1 Farben, Formen, Zuordnungen

1. Farben

Pfiff ist ein besonders „pfiffiger" Hund.
Er wird dich durch das Buch begleiten.
Manchmal gibt er dir Anweisungen.
Ein anderes Mal musst du ihm helfen.
Aber sieh doch selbst!

Male alle **roten** Dinge an!

Male hier die Dinge hin, die nicht **rot** sind!

Male mit Pfiff alle Dinge an, die grün sind.

Welche Dinge sind nicht **grün**?
Male sie hier noch einmal hin!

Male alle gelben Dinge an!

Hast du entdeckt, was nicht gelb ist?
Dann male diese Dinge hier noch einmal hin!

Hier geht jetzt aber alles durcheinander.
Hilfst du Pfiff, Ordnung zu machen?

Verbinde die Dinge mit der richtigen Kiste!

Pfiff schaut weiter nach den **Farben**.

Male die Fähnchen in die Tabelle.

Zähle genau!

Das hast du gut gemacht! Weiter so!

Kapitel 1

Farben, Formen, Zuordnungen

2. Formen

Kennst du diese Formen?
Pfiff kennt sie schon.

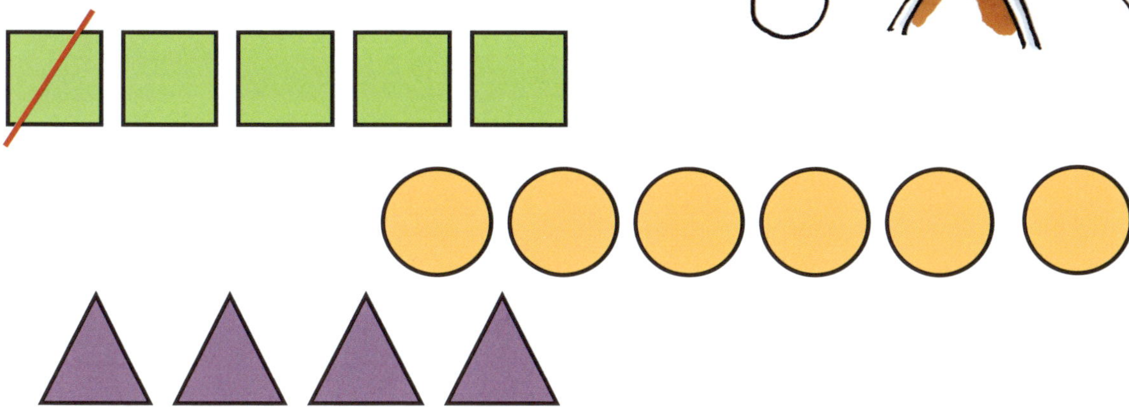

Male sie hier noch einmal hin. Zähle genau!

Das hat Pfiff Spaß gemacht.
Er möchte weiterüben.

Verbinde alle 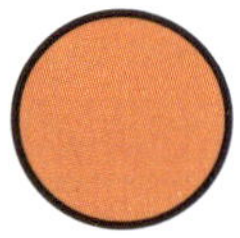 miteinander!

Verbinde alle  miteinander!

Verbinde alle 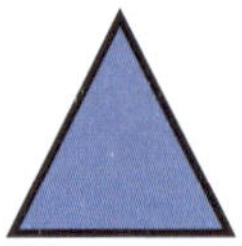 miteinander!

Prima! Weiter so!

Pfiff bleibt noch ein bisschen bei den Formen.
Das gefällt ihm.
Kannst du die Reihe fortsetzen?

Wie sieht denn deine Schultüte aus?
Kannst du sie anmalen?

Hier ist Platz dafür:

Hier lernst du Pfiffs Freundin kennen: Molli Maus.

Sie spielt oft mit Pfiff und manchmal lernt sie auch mit ihm.
Du wirst ihr in diesem Buch noch oft begegnen.
Sie hat ihre Schultüte mitgebracht und Pfiff seine auch.
Male genau doppelt so viele Muster,
wie du auf den Schultüten siehst!

Hier ist noch einmal Mollis Schultüte.

Was war wohl in Mollis Schultüte?
Verbinde!

Farben, Formen, Zuordnungen

Kapitel 1

3. Zuordnungen

Pfiff hat viel Unordnung in seinem Zimmer.
Er muss aufräumen.
Was gehört in die Schultasche und was in die Spielkiste?
Verbinde!

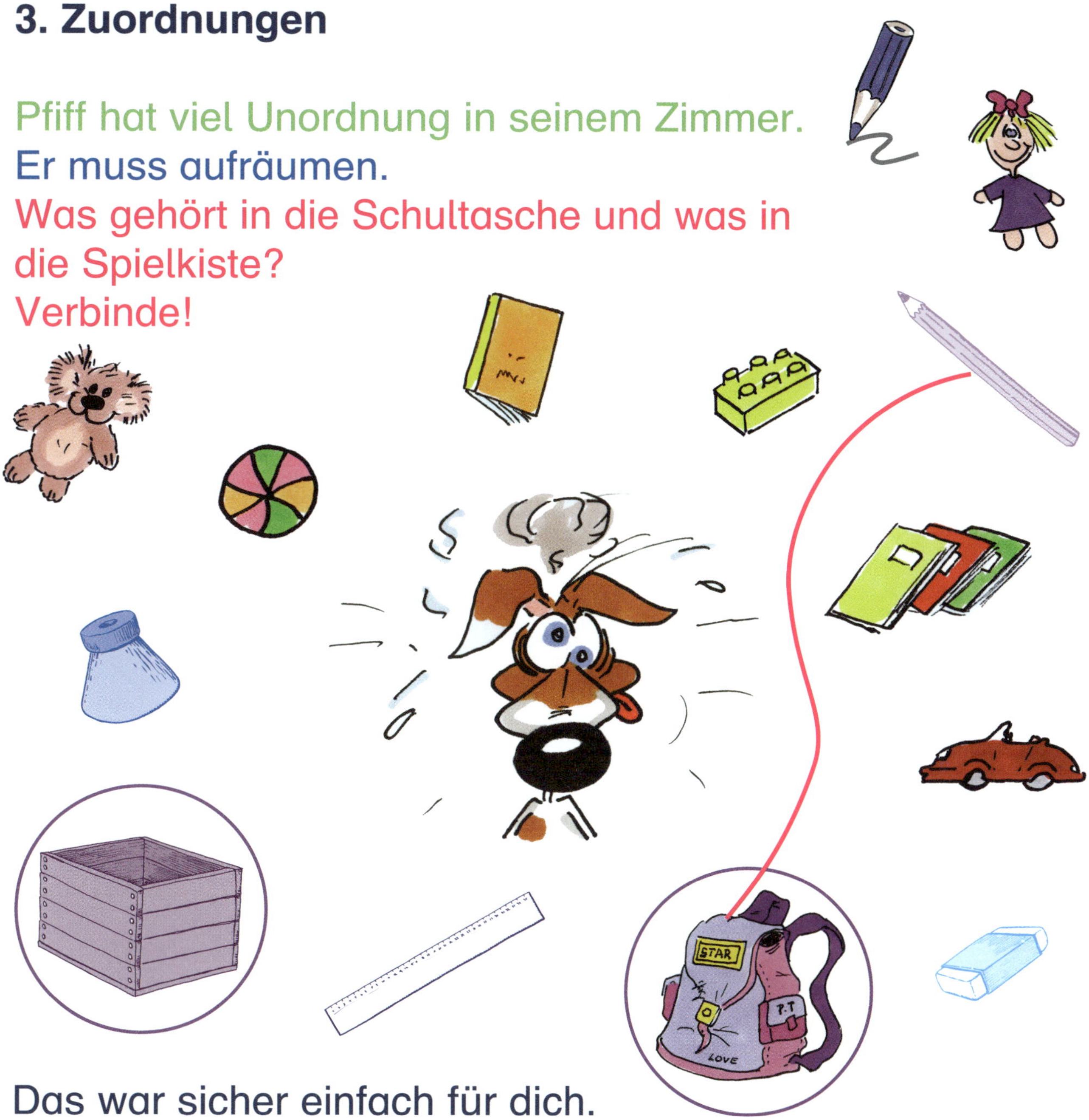

Das war sicher einfach für dich.
Pfiff ist jetzt froh, dass alles wieder schön aufgeräumt ist.
Du sicher auch, oder?

In der Küche ist aber einiges durcheinander geraten.
Pfiff sieht das und möchte auch hier aufräumen.

Was gehört wohin?

Jetzt ist alles wieder in Ordnung. Prima!

Jetzt fehlt nur noch der Rest.
Was ist denn da im Keller passiert?

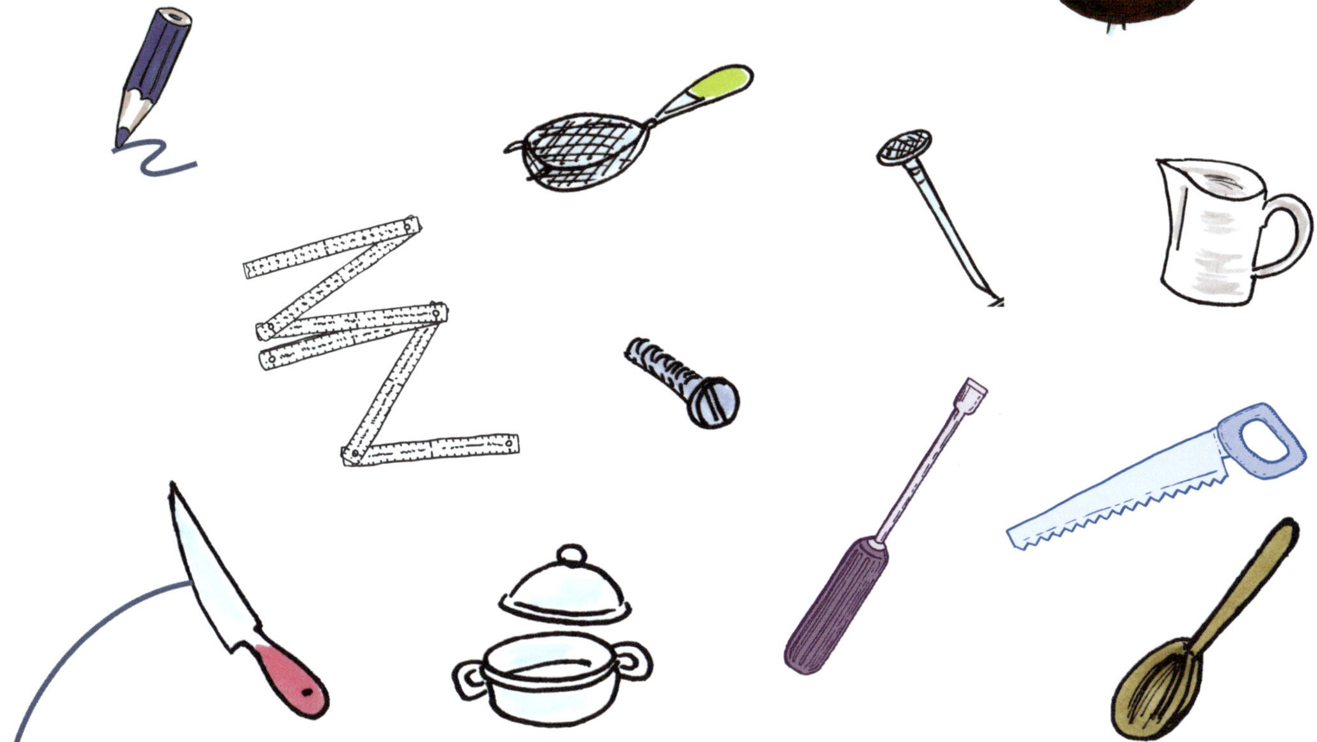

Du weißt sicher, welche Dinge wohin müssen!

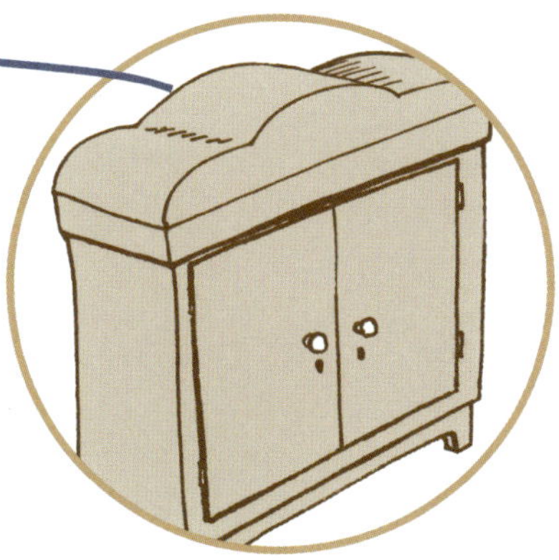

Jetzt ist aber wirklich alles in Ordnung!

Pfiff und Kathrin Katze haben ein bisschen für dich gemalt.
Du kennst Kathrin noch nicht.
Das ist sie:

Sie ist auch eine Freundin von Pfiff.
Malst du alles an die richtige Stelle?

Das hast du aber prima gemacht!

Hier darfst du eine kleine Pause machen:
Du siehst zweimal das
gleiche Bild.
Oder etwa doch nicht?

Da hat jemand Fehler eingebaut. Findest du sie?

Und gleich noch etwas Spaß hinterher.
Pfiff möchte wissen, wo sein Luftballon ist.
Findest du ihn?

Dann findest du sicher auch die Ballons von Kathrin und Molli.
Male die Schnüre in verschiedenen Farben an!
Jetzt weißt du, welcher Luftballon Pfiff gehört.

Kapitel 1

Farben, Formen, Zuordnungen

4. Lagebeziehungen

Pfiff spielt noch ein wenig mit dir das **Länger-oder-kürzer-Spiel**.
Machst du mit?

Male den **kürzesten** Zug **rot** an.
Ziehe um den **längsten** Zug einen Kreis!

Pfiff kennt auch noch das **Vorher-nachher-Spiel.**
Dieses Mal ist aber Molli an der Reihe.

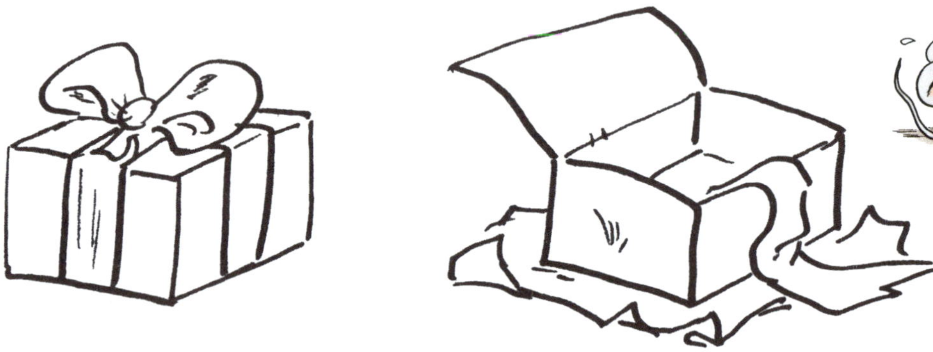

Was war **vorher**?
Male das **bunt** an, was zuerst passiert!

Nun ist Kathrin gekommen.
Sie kennt noch
das **Heiß-kalt-Spiel**.

Kreuze das, was **heiß** ist, **rot** an!
Kreuze das, was **kalt** ist, **blau** an!

Du bist ein wirklich guter Spieler!

Molli ist noch das **Schwer-leicht-Spiel** eingefallen.
Sie spielt es mit Pfiff und Kathrin.
Male **rot** an, was schwerer ist!

Na prima, das Spiel hast du sicher auch gewonnen!

Ein Spiel kennt Pfiff noch.
Es ist das **Über-unter-Spiel.**
Was ist **über** und
was ist **unter** dem Flugzeug?

Das hast du toll gemacht!

Kapitel 2 Mengenauffassung

Pfiff besucht heute die Klasse 1a der Grundschule.
Da hat er aber Glück gehabt. Die 1a hat Sport.

Mache immer so viele Striche,
wie du Dinge in der Turnhalle siehst!

Das kann Pfiff gut.
Er kann nämlich auch gut zählen.
Verbinde die Bälle mit der richtigen Würfelzahl!

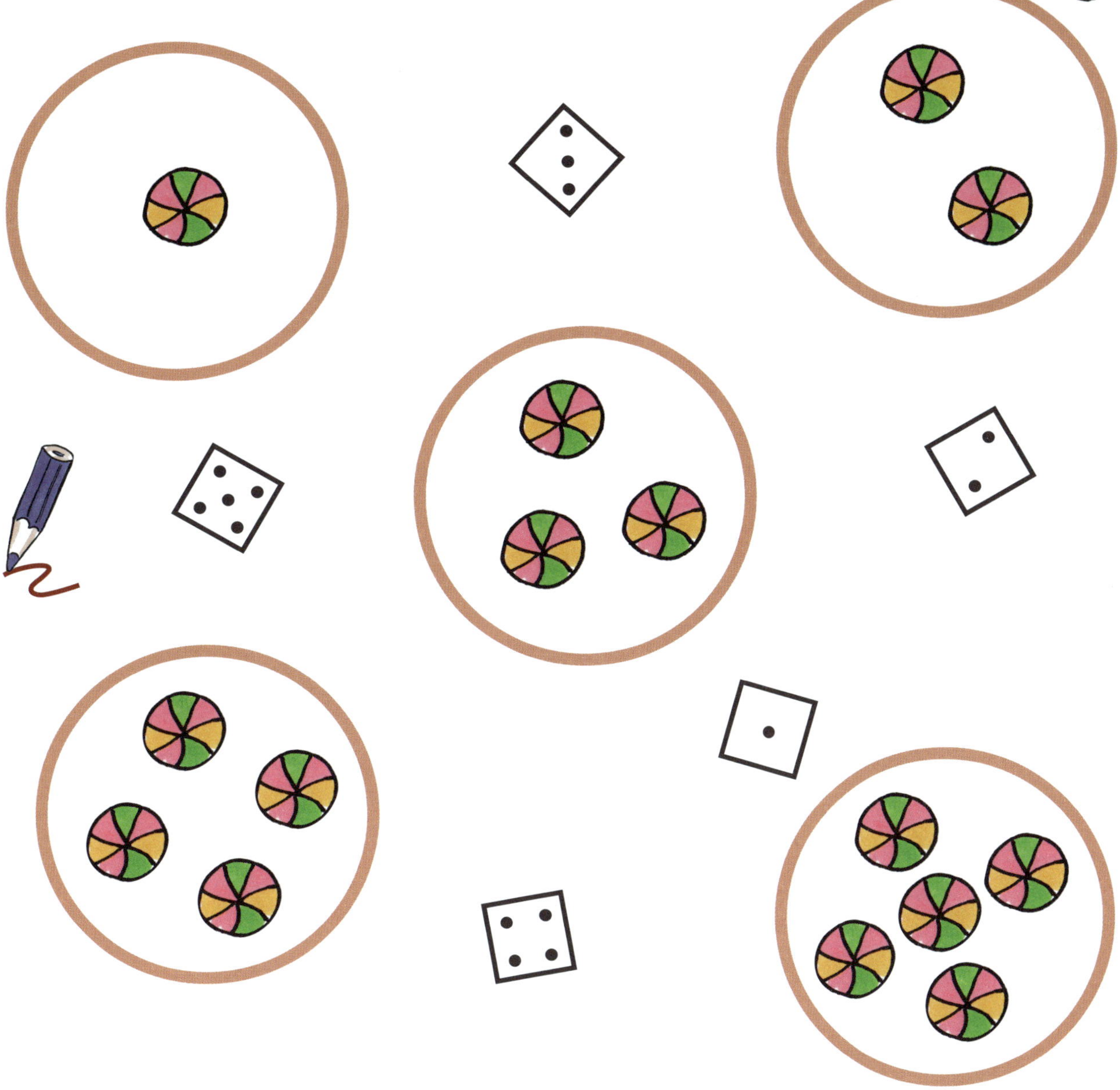

Das hast du aber gut gemacht!

Pfiff macht das Zählen so viel Spaß,
dass er in der Turnhalle gleich weiterzählt.

Kannst du auch die Schläger zählen?
Verbinde sie mit der richtigen Würfelzahl!

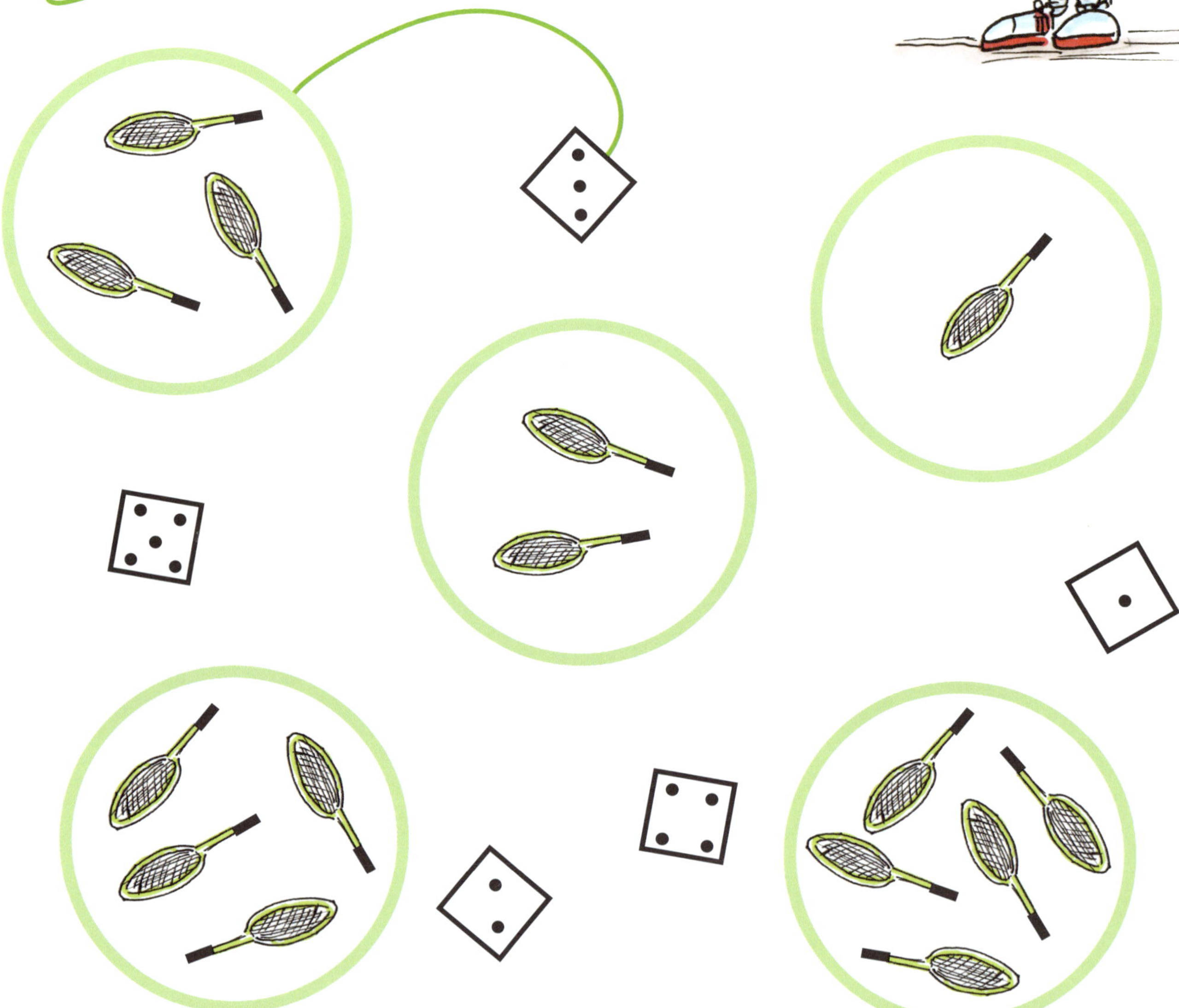

Das Zählen klappt bei dir sicher auch schon ganz toll.
Oder?

Pfiff und Molli möchten Obstsalat machen.
Sie haben viel gesundes Obst eingekauft.
Zähle das Obst!
Verbinde jede Obstsorte mit einem Würfel und male die entsprechenden Würfelpunkte!

Molli macht einen anderen Vorschlag für den Obstsalat.
Zähle das Obst!
Verbinde mit einem Würfel.
Male die Würfelpunkte!

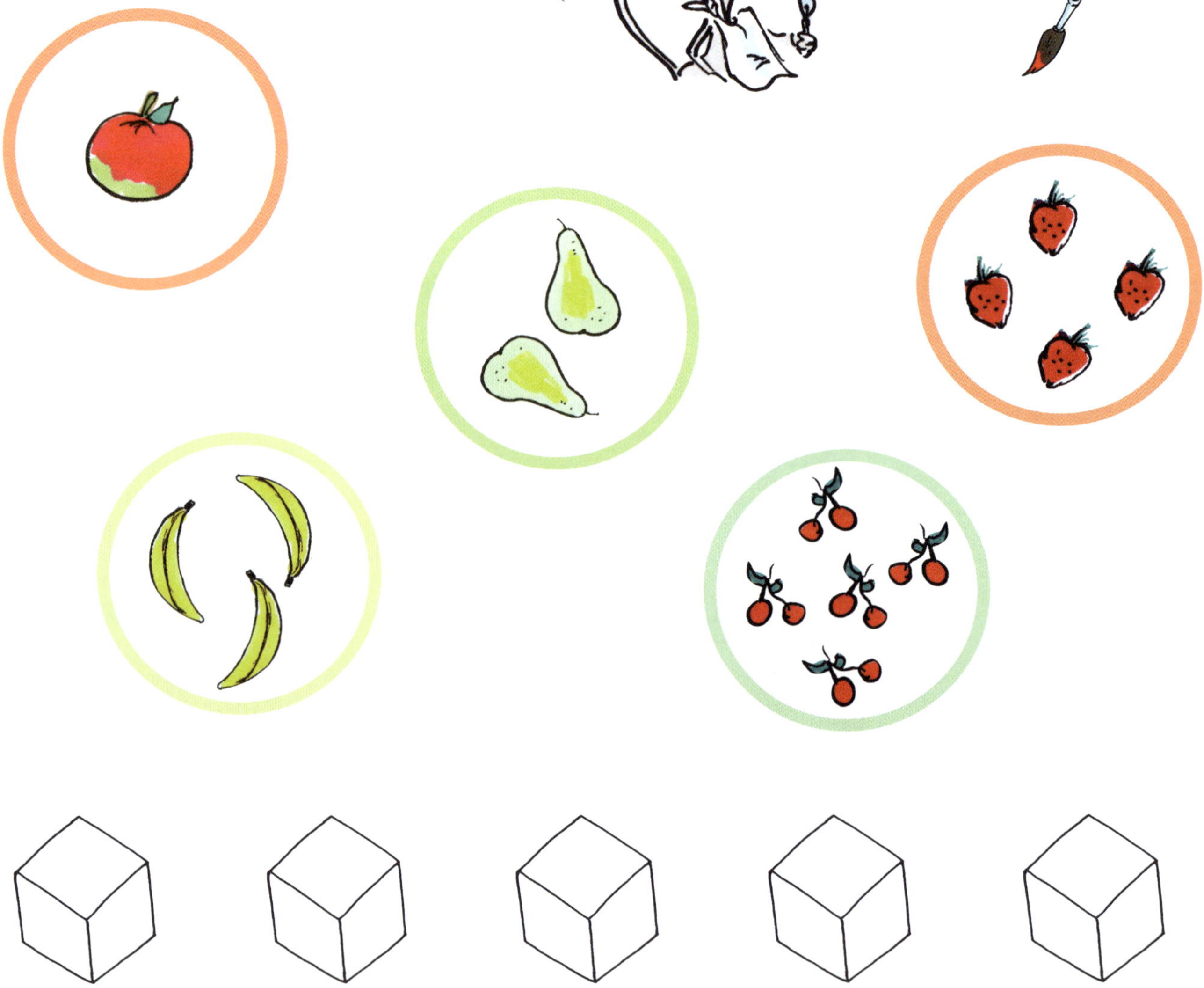

Na prima, das wird sicher ein leckerer Obstsalat!

Jetzt bist du aber dran!

Du darfst jetzt malen und musst dabei genau zählen!

Pfiff will es auch versuchen.

Male du auch Obst für einen leckeren Obstsalat.

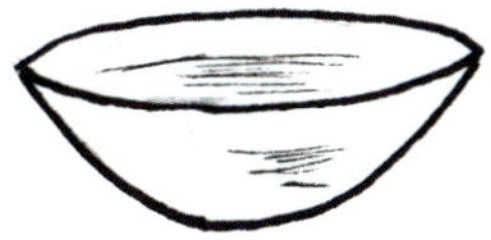

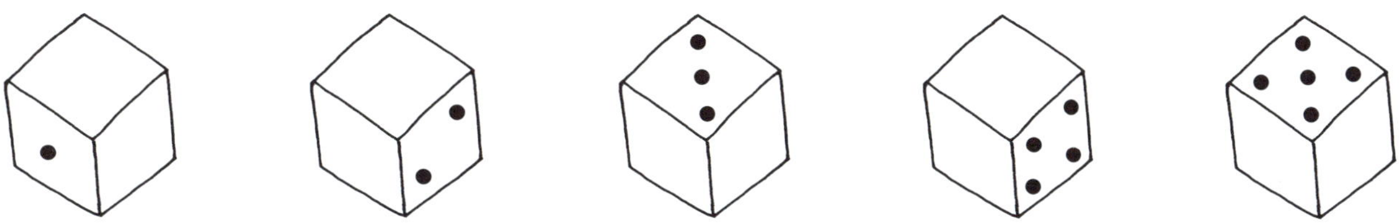

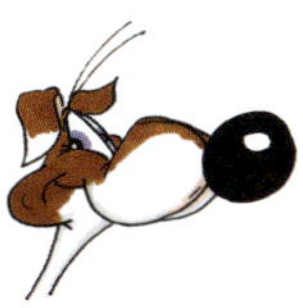

Das hast du sicher schnell geschafft.

Pfiff ist mit Kathrin auf dem Bauernhof.
Oh, wie viele Tiere es dort gibt!
Pfiff und Kathrin zählen.

Pfiff mag die Hunde sehr gerne.
Kathrin haben natürlich die Kätzchen am besten gefallen.
Und dir?

Pfiff und Kathrin spielen das Zählspiel.
Hilfst du Pfiff dabei?
Ergänze die Würfelpunkte und male die freien Felder entsprechend aus!

Pfiff möchte dir nun etwas ganz Besonderes zeigen.
Was ist größer? Was ist kleiner?
Dieses Zeichen bedeutet **größer:** >

Pfiff ist größer als Molli.

Dieses Zeichen bedeutet **kleiner:** <
Pfiff ist kleiner als Molli?
Nein, oder?

Kannst du das richtige Zeichen einsetzen?

Das war nicht schwer. Oder?

Pfiff kennt die Zeichen **>** und **<** jetzt genau.

Sie können auch **mehr >** und **weniger <** bedeuten.

Setzt du das richtige Zeichen ein?

Kapitel 3 Die Zahlzeichen

Das hier ist Kathrins Schultüte.
In Kathrins Schultüte sind die Zahlen bis **10**.
Malst du sie an?

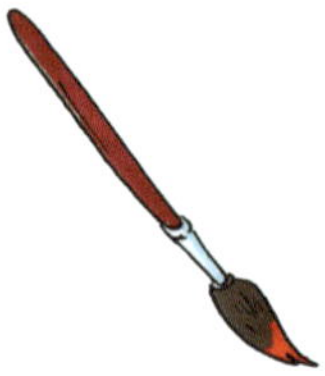

Pfiff hat Besuch bekommen.
Er hat einen ganz besonderen Freund.
Es ist der Zauberer Fidibus.

Er zaubert heute Zahlen für dich.
Kannst du denn schon bis **10** zählen?

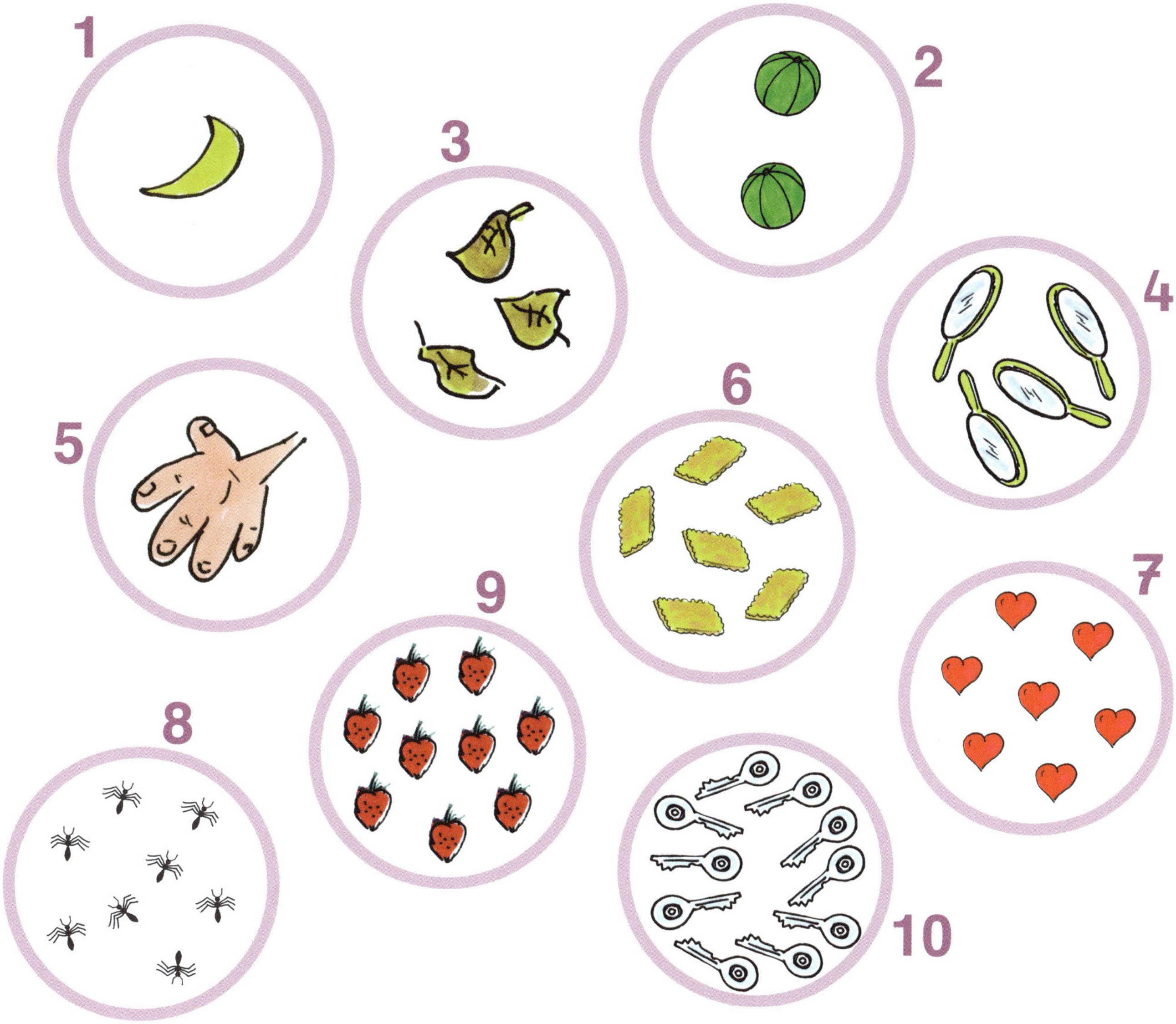

Pfiff macht das Zählen und Malen richtig Spaß.
Hilfst du ihm bei der folgenden Aufgabe?

Male beliebige Dinge in der angegebenen Anzahl!
Zähle dabei genau!

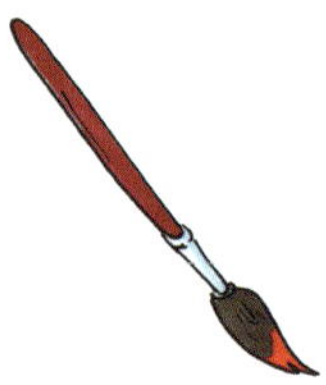

Pfiff möchte zu gerne wissen,
wie gut du die Zahlen schon kannst.
Machst du die folgende Aufgabe?
Malst du die Punkte in die Würfel?

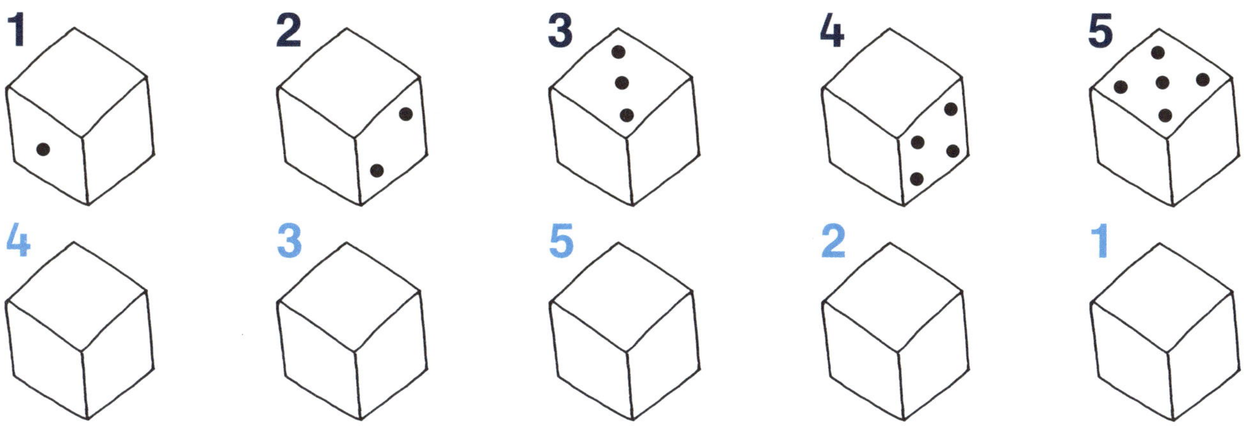

Und nun?
Kannst du das auch?
Male auch Dinge in die Rahmen!
Zähle aber genau!

Jetzt kannst du beweisen,
ob du auch genau hinschauen kannst.
Findest du heraus, wo unsere Freunde wohnen?
Wer wohnt in welchem Haus? Finde die Wege!

Schau, was Fidibus hier alles für dich gezaubert hat!

Kreise alle **1er** ein!

5 2 4 1 3 1 5

1

4 5 5 3 1 5 1 3 1 2 4 4

Pfiff spielt Ball.

 1

Male die **1** nach und schreibe deine eigene Reihe mit **1**.

Pfiff ist auf dem Markt. Kreuzt du an, wie viel Obst und Gemüse er in seinen Korb legt? Unten siehst du seinen Einkaufszettel.

Möhre	Gurke	Apfel	Birne	Salat
3	5	2	1	3

Das hast du gut gemacht!

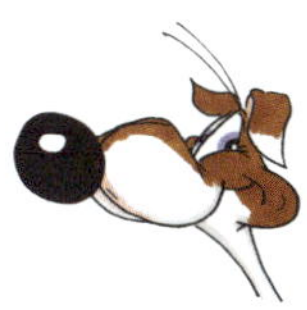

Pfiff kauft immer noch ein.
Kreise immer **2** Äpfel ein!

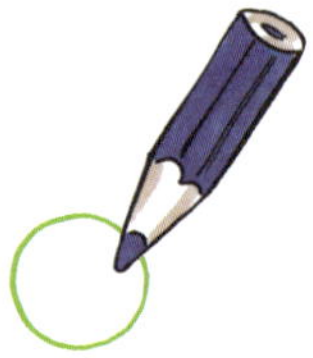

Das hat doch sicher gut geklappt.

Molli hat Birnen gekauft.
Kreise immer **4** Birnen ein!

Möchtest du mit Pfiff jetzt die **2** üben?
Die ist ganz schön schwer.
Male die **2** nach und schreibe deine eigene Reihe mit **2**.

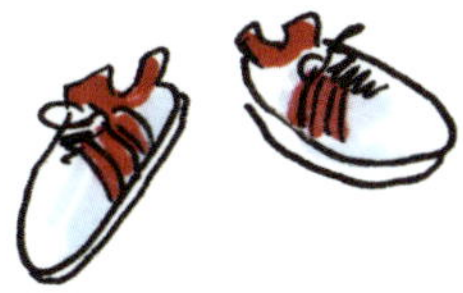

Pfiff kann jetzt schon die 1 und die 2 schreiben.
Du sicher auch. Das ist prima.

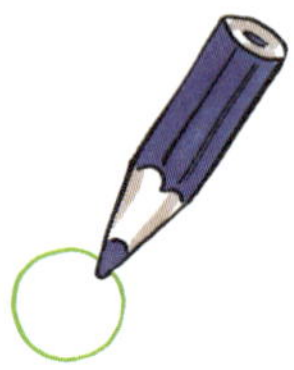

Findest du alle 2er?
Kreise alle 2er ein!

Nun darfst du ein bisschen malen.
Dabei kann man sich gut erholen vom Zahlenüben.
Male in der gleichen Reihenfolge an!

Das hat dir sicher Spaß gemacht.

Und weiter geht es mit dem Malen.
Pfiff hat auch Lust dazu.

Malst du die Reihe voll?

Kannst du auch diese Reihe?
Die Farben suchst du selbst aus.

Nun wird es noch ein bisschen schwerer:
Mache die Reihe mit allen Formen
vollständig und male an!

Jetzt sind wieder die Zahlen dran.
Schließlich möchtest du ein Rechenmeister werden, oder?

Pfiff möchte noch ganz viel lernen.
Male immer die richtige Anzahl an!

1 

2 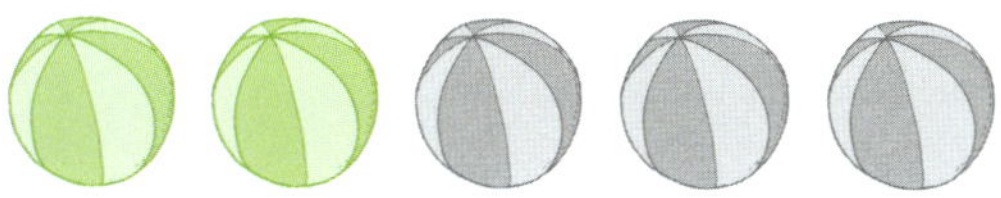

3 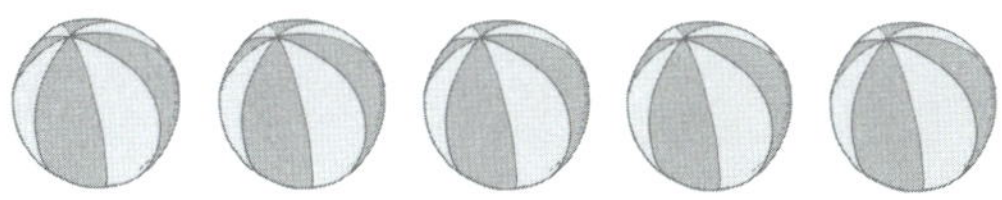

4 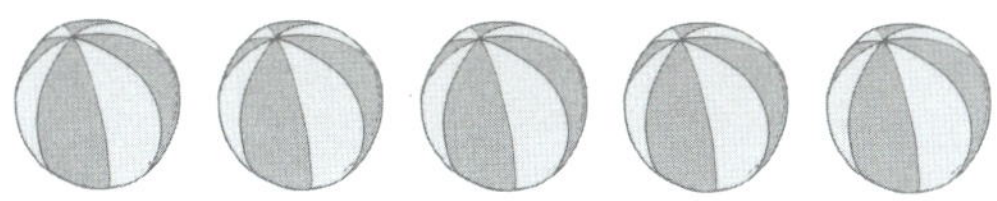

5 

1 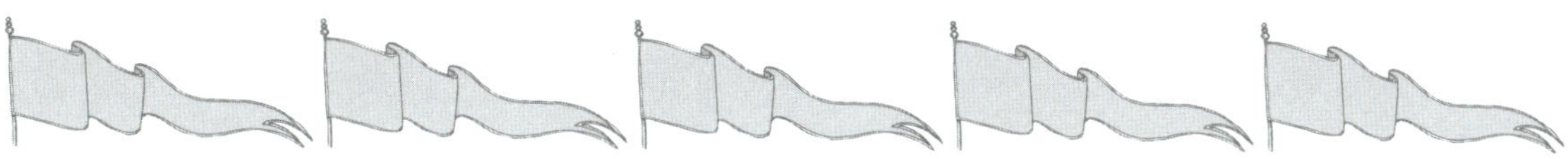

2 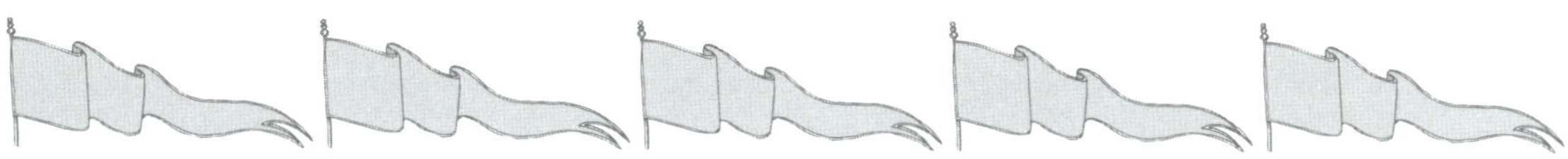

3 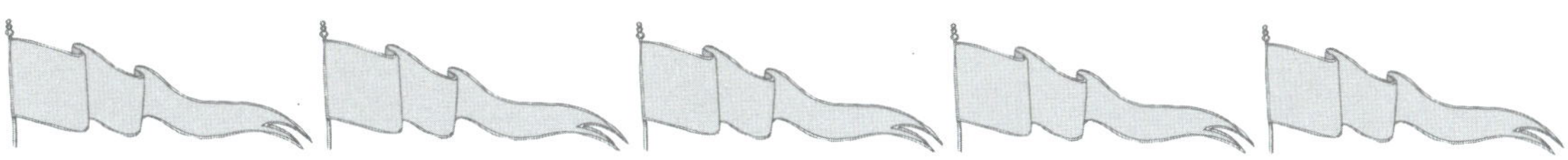

4 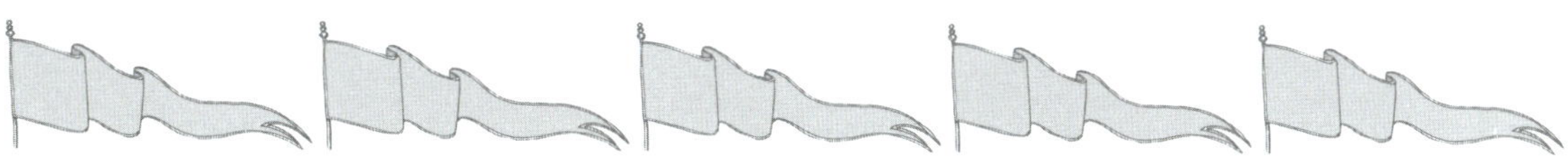

5 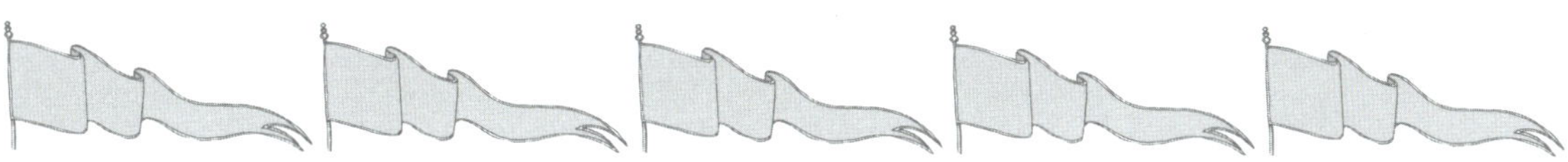

Pfiff und Molli bauen.
Schau dir genau an, was die beiden gebaut haben.
Kannst du die Tabelle ausfüllen?

	||

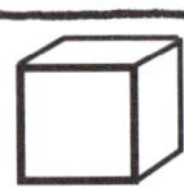	

Im Lösungsteil kannst du nachschauen,
ob du die Aufgaben richtig gelöst hast.
Viel Spaß!

Auch Kathrin hat gebaut, aber ganz für sich alleine.
Ihr Turm ist noch größer.
Machst du es wieder genauso wie auf der vorigen Seite?

Die Lösung findest du hinten.
Prima, du kannst das jetzt sicher schon sehr gut.

Pfiff muss wieder aufräumen.
Nach dem Spielen ist das ja immer so.
Hilfst du ihm beim Aufräumen?
Wo gehört was hin?

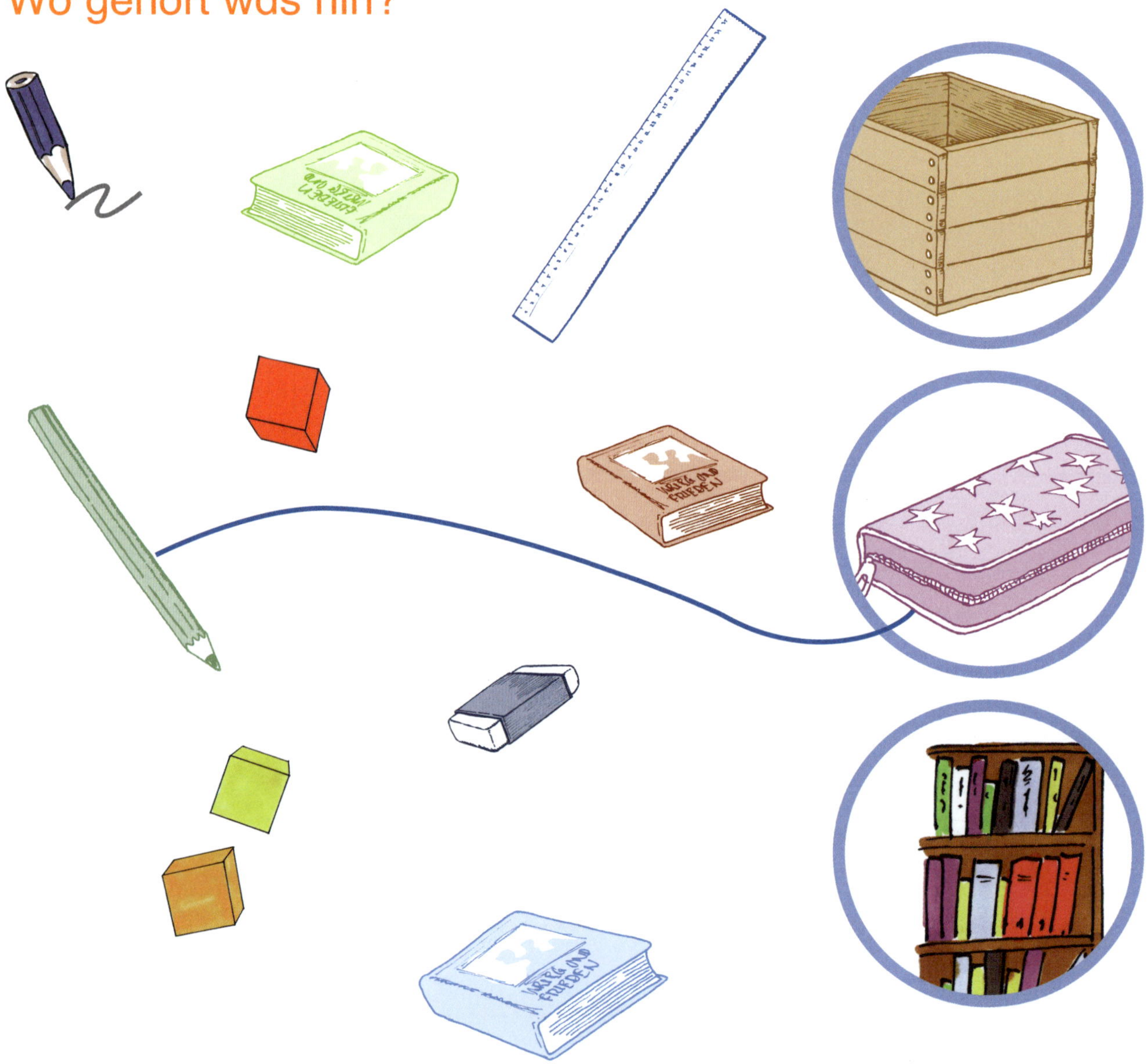

Du hast sicher gemerkt, es waren immer **3** Dinge.

Entdeckst du mit Pfiff alle **3er**?
Kreise alle **3er** ein!

Na, hast du alle **3er** gefunden?

Hier kannst du üben, wie man die **3** schreibt:

Pfiff mag die **3**. Du auch?
Er möchte für sich, Molli und Kathrin den Tisch decken.
Das sind alle Sachen, die er braucht.
Nimm immer **3** weg!

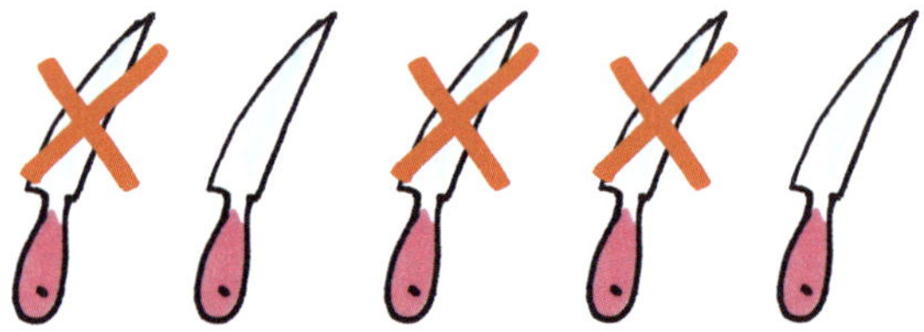

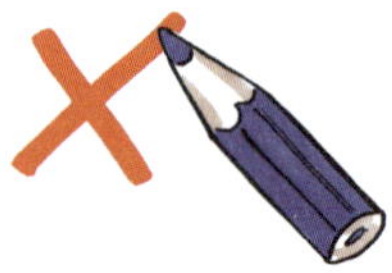

Hier kannst du die Sachen auf den Tisch malen!

Hier sind unsere 3 Freunde wieder zusammen.
Und alles dreht sich um die 1, die 2 und die 3.
Fülle die Felder richtig aus!

Da die Freunde auch drei an der Zahl sind,
üben sie gerne noch ein bisschen die Zahlen 1, 2 und 3.
Malst du die Perlen an und
schreibst die Zahl in die Schildchen?

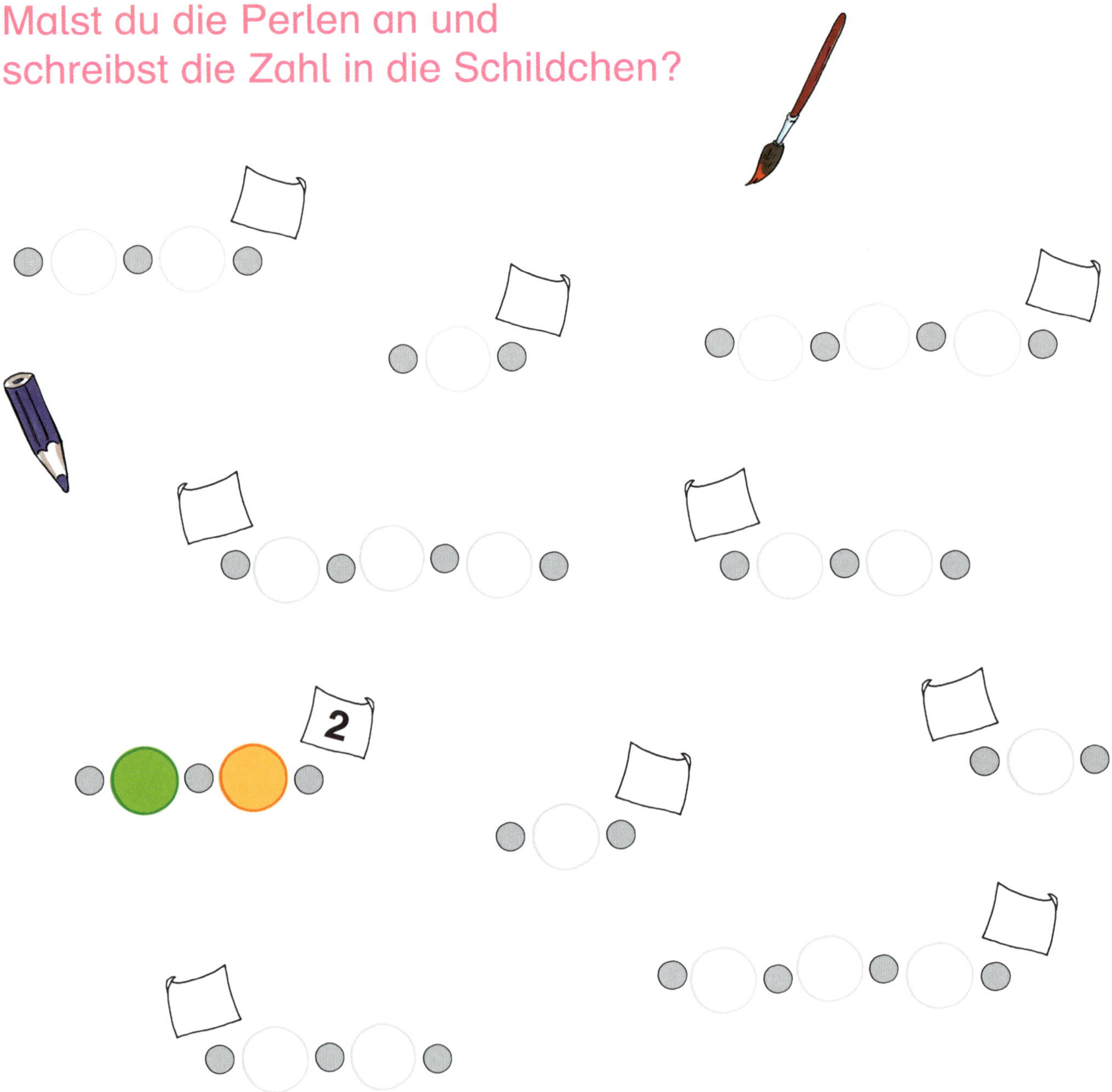

Das hast du gut gemacht.

Pfiff und Molli bauen wieder mit Bauklötzen.
Zähle und schreibe die Zahlen hin!

Hier darfst du nun die bunten Bauklötze malen.

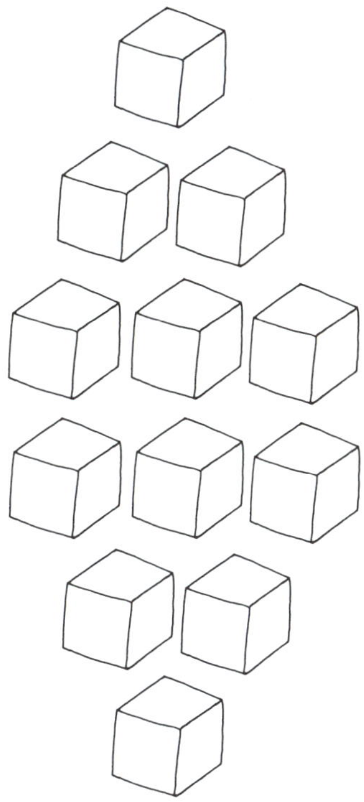

Pfiff muss das Schreiben der Zahlen noch ein wenig üben. Du auch?

Führe die Reihen fort! Schreibe weiter.

1	1	1					
2	2	2					
3	3	3					
1	2	3					
3	2	1					
2	2	1	1				
3	2	2	3	2	2		

Uff, so viel Schreibarbeit! Jetzt ist Pfiff aber geschafft!
Du kannst sicher auch eine Pause gebrauchen.
Male aus!

Die Zahlen bis **3** kann Pfiff schon richtig gut.
Du hast bestimmt auch Lust, noch mehr zu lernen.
Schau mal, da sind unsere Freunde!

Doch da ist ja noch jemand dazugekommen, den du noch nicht kennst.
Es ist Tom. Tom geht auch in die 1. Klasse und spielt oft mit Pfiff, Molli und Kathrin.

Verbindest du die Freunde mit je einem Ranzen?

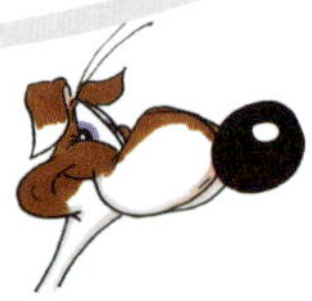

Na, da war wohl einer zu viel, oder?

Kennst du die Reise nach Jerusalem?
Das ist ein lustiges Spiel.
Fidibus ist auch noch da. Jetzt können sie prima spielen.
Wer bekommt einen Stuhl, wenn die Musik aufhört?
Verbinde!

Pfiff kümmert sich aber nach dem Spielen zuerst einmal um die Zahl 4.
Kreise immer 4 ein!

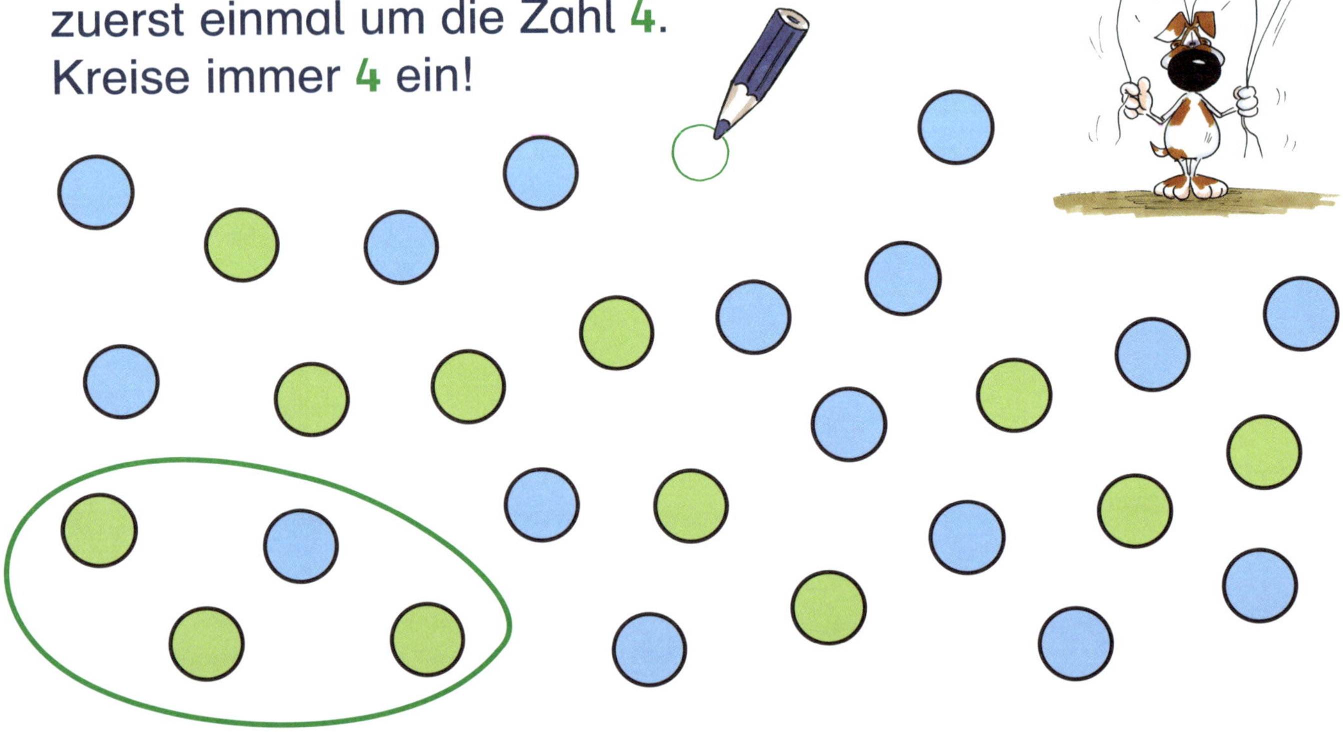

Hier kannst du jetzt üben, die 4 zu schreiben.

Und wie ist das mit der **5**?
Unsere Freunde sind ja auch zu fünft.
Heute spielen alle **5** zusammen Ball.
Welcher Ball gehört zu wem?
Verbinde, wie es dir gefällt!

Na, waren da zu viel Bälle in der Luft?
Nun, die hat bestimmt Fidibus hingezaubert.

Pfiff und Molli haben ja allerlei hier liegen lassen.
Was gehört zusammen? Verbinde!

Pfiff ist riesig stolz. Jetzt kann er schon die Zahlen bis 5.
Aber die 5 muss er ja noch schreiben! Schreibe hier die 5!

5

Und hier noch einmal alle Zahlen,
die du bisher gelernt hast:
Male entsprechend an!

1
2
3
4
5

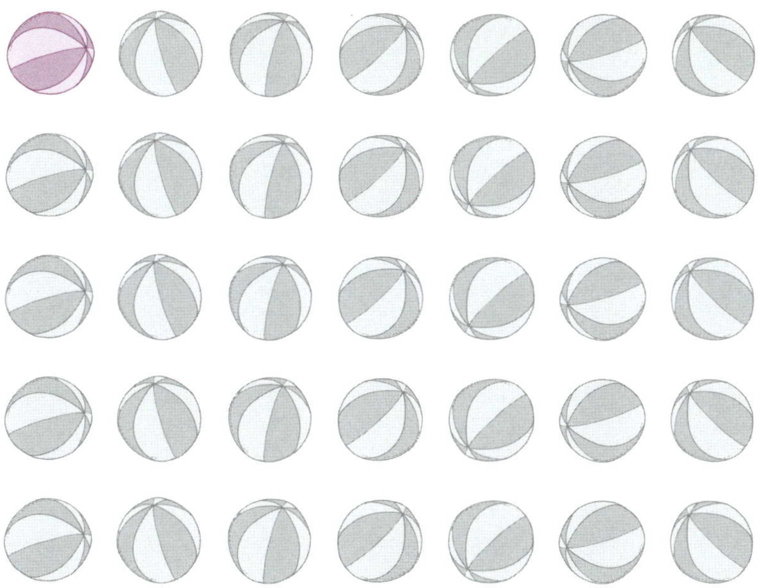

Pfiff, Molli und Kathrin haben fleißig gemalt.
Schau nur! Molli hat alle Bilder aufgehängt.
Welche Zahl gehört zu welchem Bild?

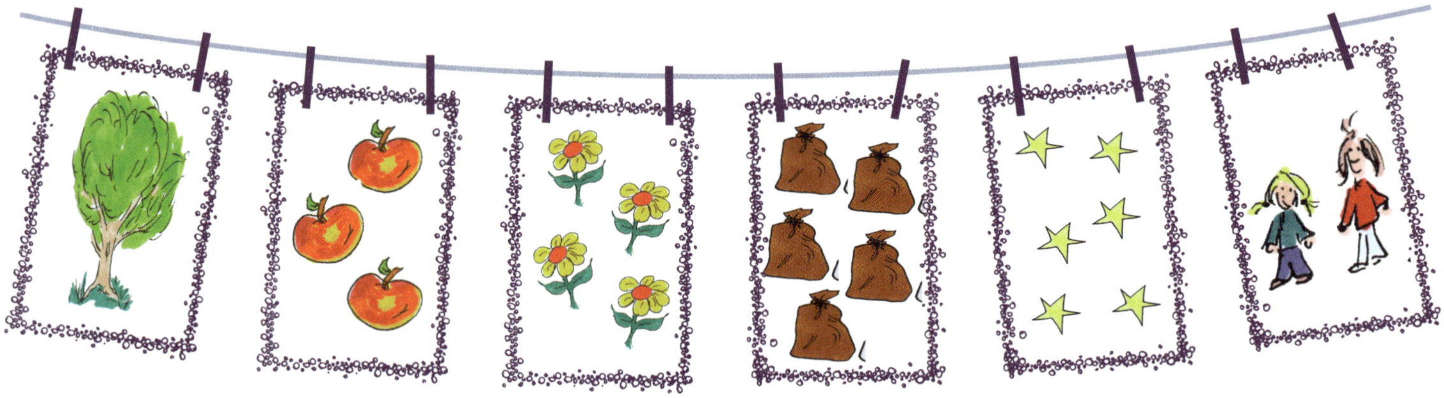

2 4 1 3 6 5

Prima!

Da war ja sogar schon die **6** dabei.
Aber das hast du sicher sofort gemerkt.
Kreise immer **6** Blumen ein!

Hier kannst du nun üben, die **6** zu schreiben.

6

Und wieder gehen Pfiff und Molli auf den Markt.

Trage hier ein, wie viel von allem da ist!

Pfiff, Molli und Kathrin haben ganz viele Luftballons.
Hilf ihnen beim Zählen!

Das hat doch Spaß gemacht!

Hier fehlt doch etwas, oder nicht?

Was meinst du?

Zeichne und schreibe dazu, was fehlt!

Und, ging das schnell?

Pfiff hat verstanden.
Zahlen zu zerlegen und zusammenzuzählen
macht viel Spaß.
Kannst du das auch mit den Würfelzahlen?

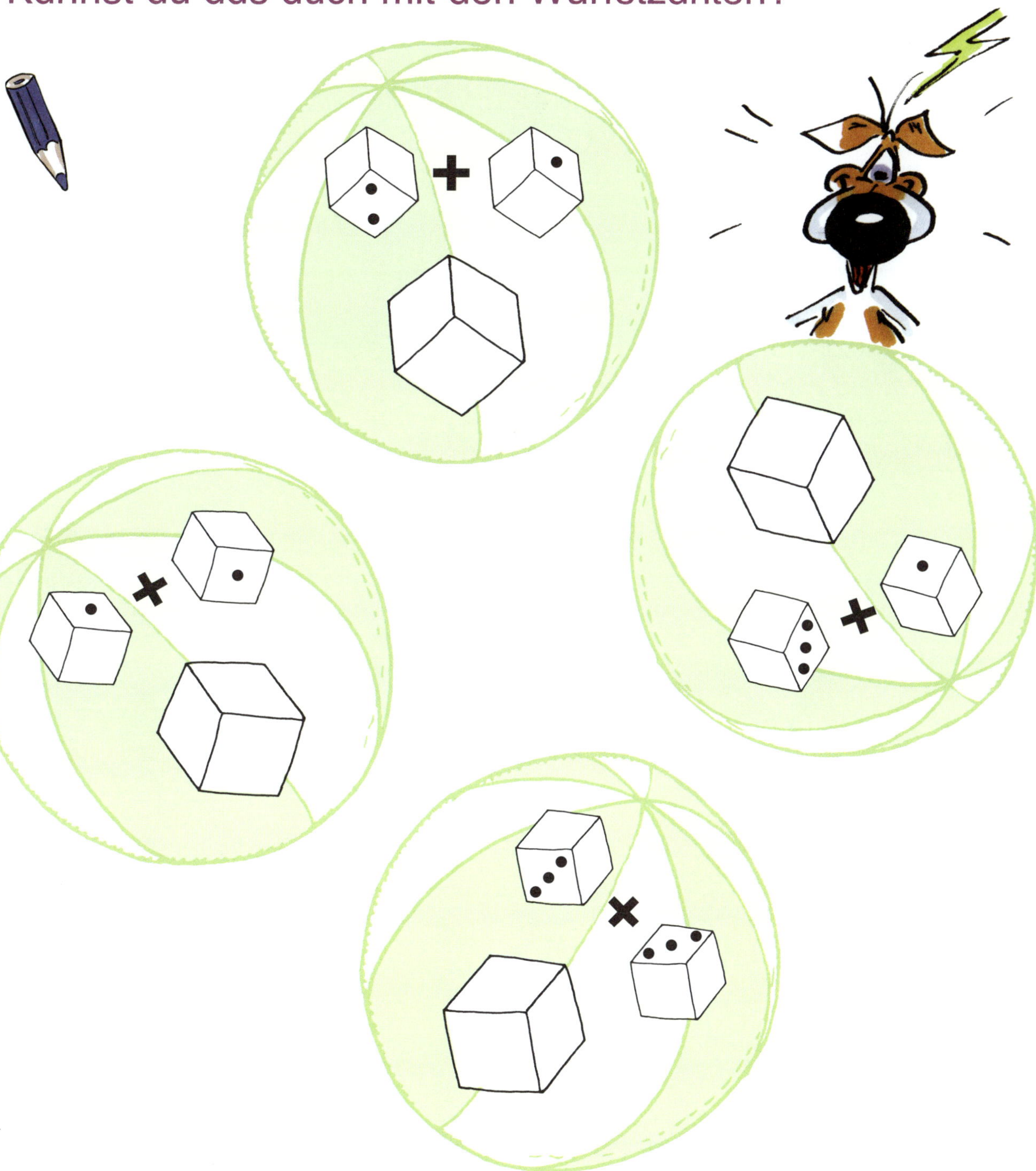

Pfiff möchte weiterwürfeln.
Molli macht die Aufgaben noch etwas schwieriger.
Hast du Lust, es auszuprobieren?

Pfiff spielt noch ein Spiel mit Molli.
Es heißt **„Immer zur 6“**.
Malst du so, dass es immer 6 sind?

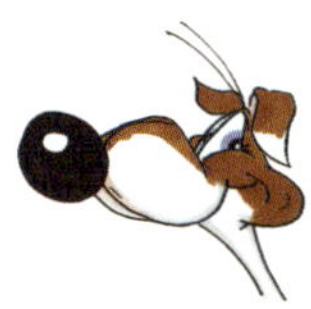

Pfiff, Kathrin und Molli pflücken Äpfel.

Kreuze an, wie viel in den Regalen zur 6 fehlt.

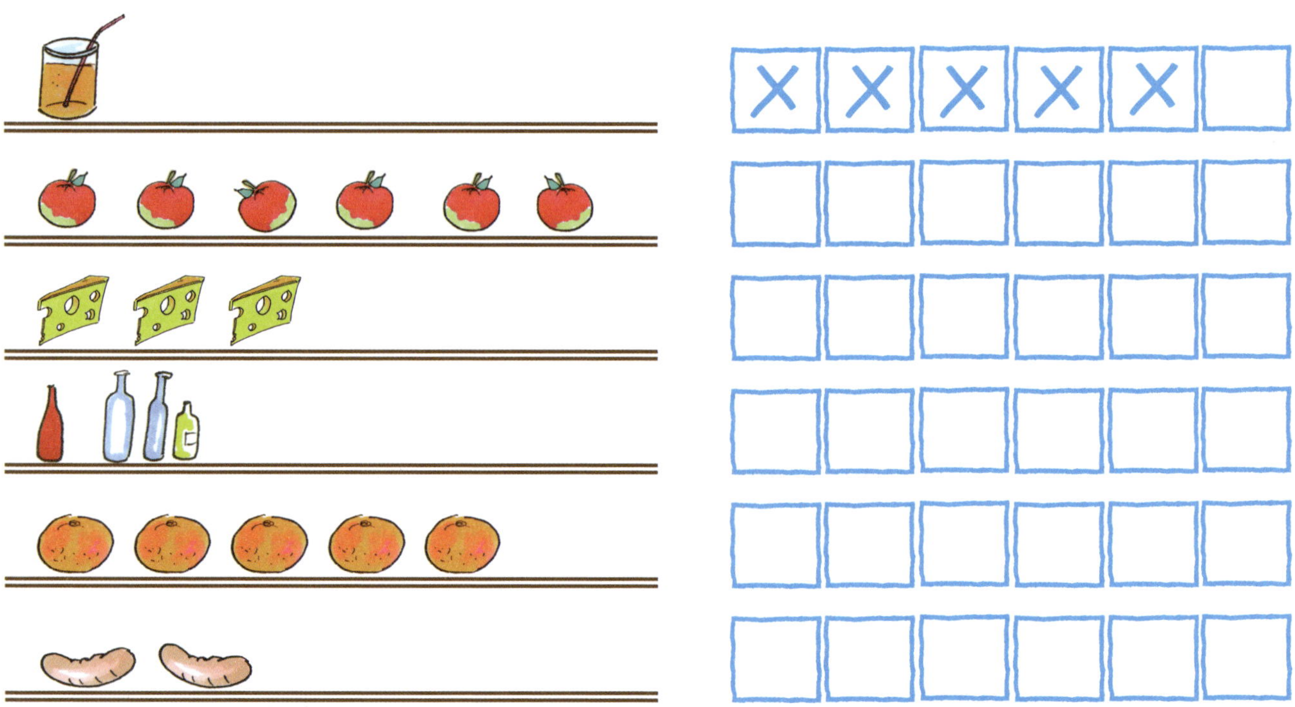

Pfiff rennt mit Molli und Kathrin nach draußen zum Spielen. Sie gehen zum Spielplatz.

Zähle, wie viele Kinder zum Spielplatz laufen!

Ja, es sind 7.

Hier kannst du üben, wie man die 7 schreibt.
Das ist ganz einfach.

Sicher hilfst du Pfiff, die Zahl 7 zu zerlegen.
Das hast du ja mit anderen Zahlen schon geübt.
Fidibus hat seine Zauberseifenblasen mitgebracht.

Aber anscheinend hat er seinen Zauberspruch nicht richtig gesagt. Machst du die Seifenblasen vollständig?

Na, hast du immer 7 Dinge gemalt? Prima!

Pfiff kennt nun bald alle Zahlen.
Es fehlen nur noch die **8** und die **9**.

Pfiff fährt mit dem Bus zur Grundschule.
Im Bus sitzen jetzt **8** Kinder. Teile die **8** auf, so oft es geht!

4 	 4

Pfiff findet das Aufteilen sehr einfach.
Aber die 8 zu schreiben, das geht ganz schön schwer.
Du musst das sicher auch noch üben.

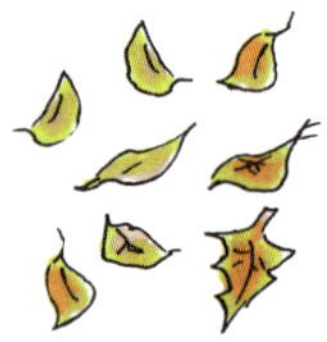

8

Nun darfst du ein bisschen würfeln.
Was kannst du alles würfeln, damit du eine 8 erhältst?
Malst du die Punkte auf die Würfel?

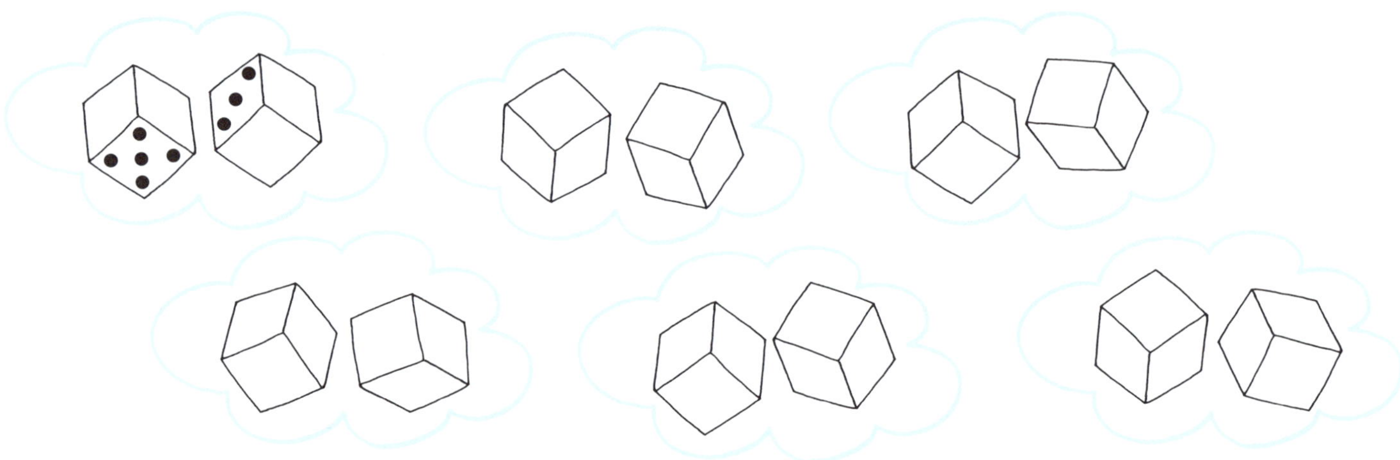

Das hast du aber toll gemacht!

Pfiff fehlt ja noch die **9** in seiner Zahlensammlung.
Erst musst du sie schreiben. Aber das ist leicht.
Die **9** ist die umgedrehte **6**.

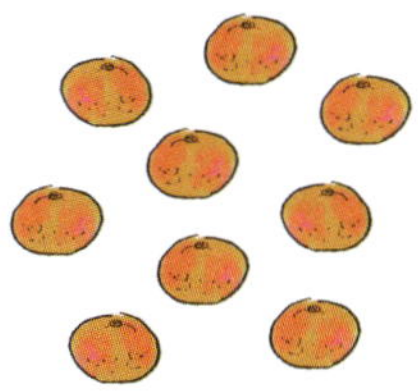

9

9	9	9	9	9	9

Pfiff hat Apfelsinen mitgebracht. Teilst du sie auf?
Wie viele Apfelsinen können in jede Schale kommen?

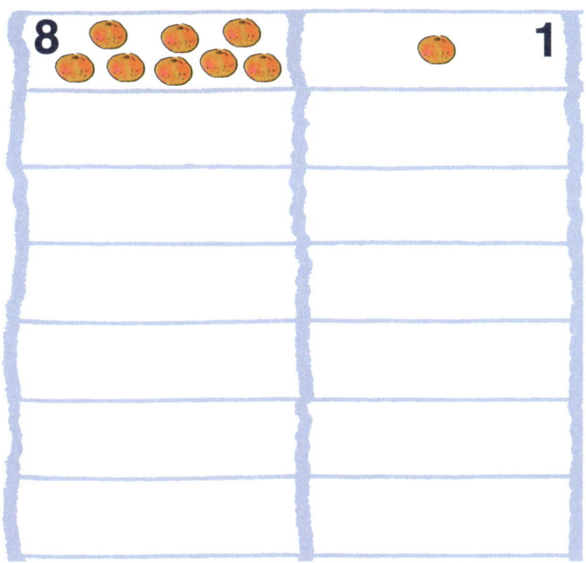

Was jetzt kommt, kennst du ja schon: die **10**!
Da musst du das Schreiben nicht mehr üben.
Deine Mama kauft sicher Eier auch manchmal im Zehnerkarton. Jetzt mache die anderen wieder voll.

Das war einfach.
Kannst du die **10** noch weiter zerlegen?

3 ●●●	●●●●●●● 7

Pfiff und du, ihr wart aber sehr fleißig!
Ihr könnt schon alle Zahlen bis **10** und habt sie auch schon zerlegt. Nun habt ihr euch eine Pause verdient.

Verbinde die Punkte von **0 bis 10**
und gleich wieder **rückwärts**.

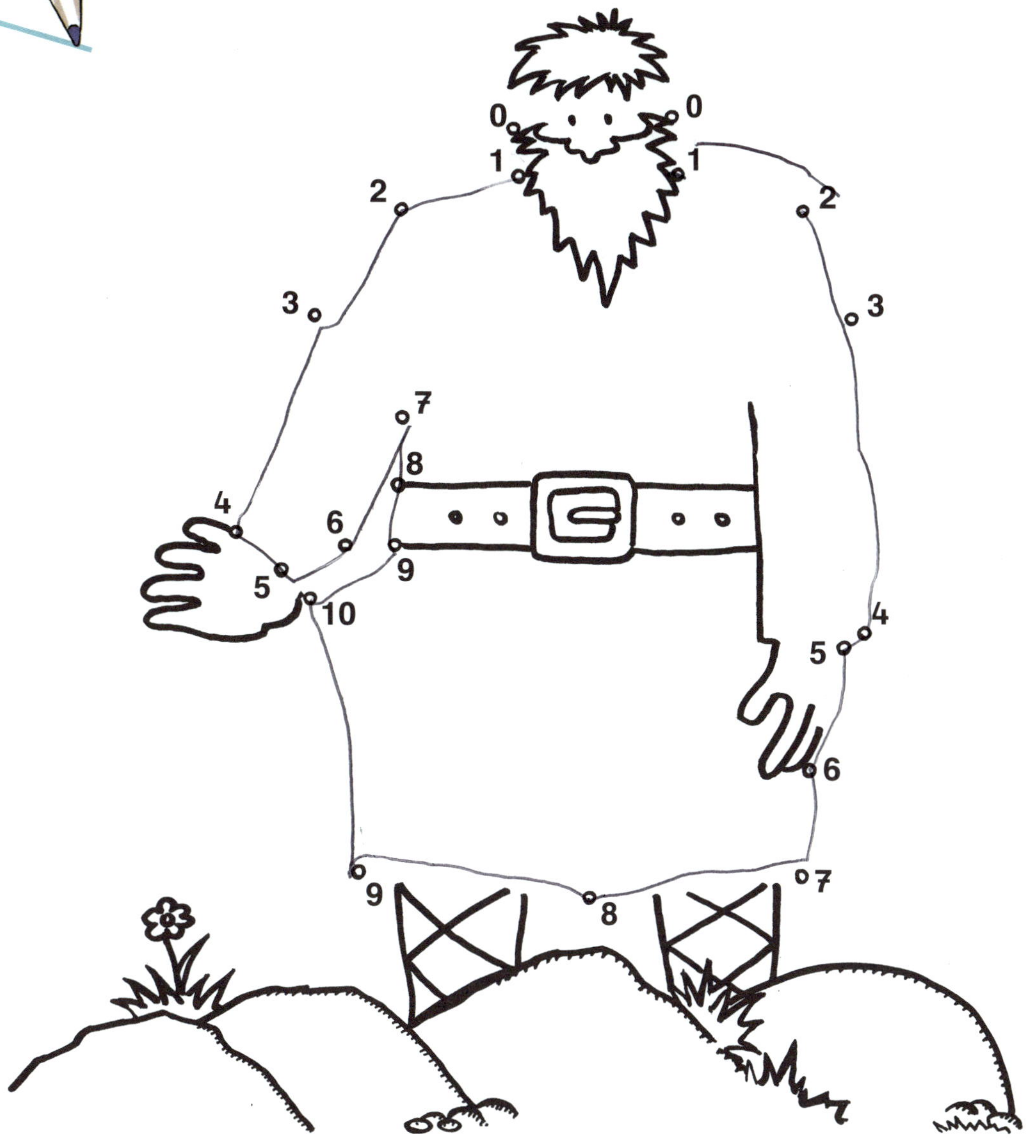

Pfiff ist mit Molli zum See gegangen.
Hier gibt es viel für dich zu zählen.
Zähle genau und schreibe die Zahlen auf!

Schwere Zählarbeit, oder?
Aber du hast das sicher gut gekonnt!

Pfiff zählt die Häuser.

Kannst du diese Reihen auch vollständig machen?

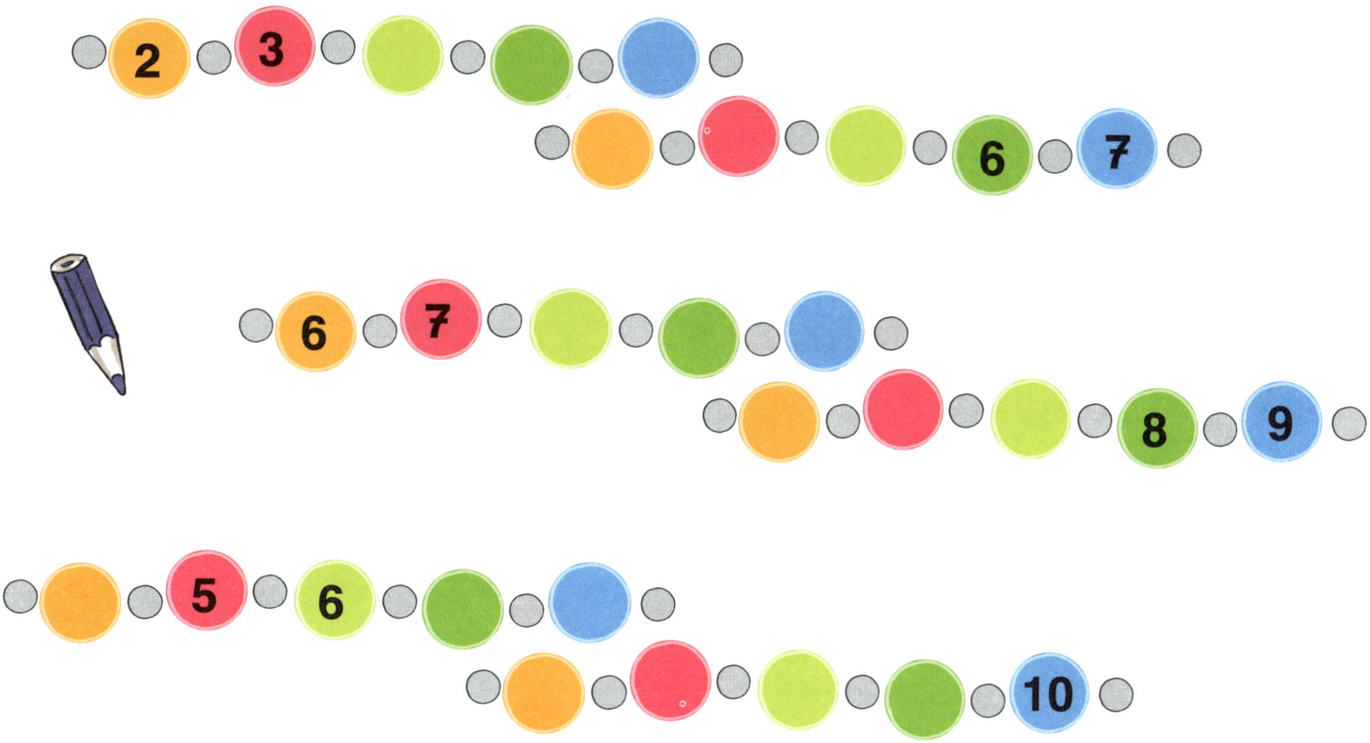

Die Lösung findest du hinten.

Was kommt davor, was kommt danach?

Pfiff	Kathrin	Molli
	4	
	6	
	9	
	1	
	3	
	8	
	2	
	7	

Die Lösung findest du hinten.

Erstes Rechnen bis 10

Kapitel 4

1. Ordnungszahlen

Die 1a hat Sportfest.
Pfiff läuft als Erster durchs Ziel,
Molli als Zweite und Kathrin als Dritte.

Zahlen, die eine Reihenfolge angeben,
heißen Ordnungszahlen.
Sie werden mit einem Punkt kenntlich gemacht.

In dieser Reihenfolge sind die Läufer gestartet.
Kannst du die Ordnungszahlen angeben?

Bist du auch ein schneller Läufer?
Oder was kannst du am besten?

Pfiff bleibt noch bei den Kindern.

Er fängt als Erster mit dem Seilhüpfen an.

Wie ist die weitere Reihenfolge? Trage die Zahlen ein!

Lege die Reihenfolge der Spieler beliebig fest!

Pfiff soll schnell eine Zeitung holen.
Er ist der Erste vor dem Kiosk.
An welcher Stelle stehen die anderen?

Trage die Reihenfolge der Klötzchen nach ihrer Größe ein.
Beginne mit dem größten!

Kapitel 4 Erstes Rechnen bis 10

2. Größer oder kleiner?

Diese Zeichen kennst du schon:

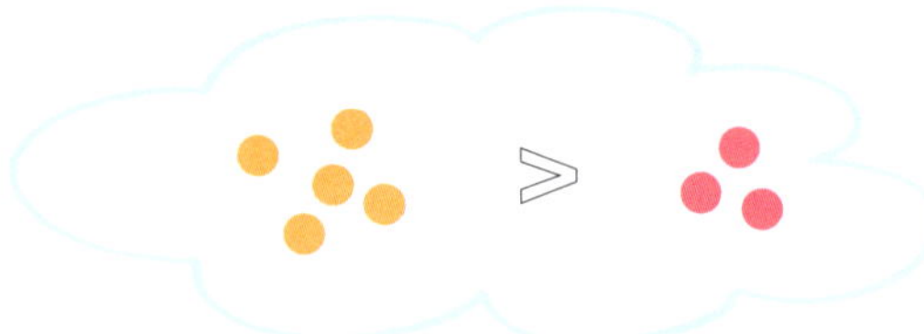

5 ist **größer** als **3.**

3 ist **kleiner** als 5.

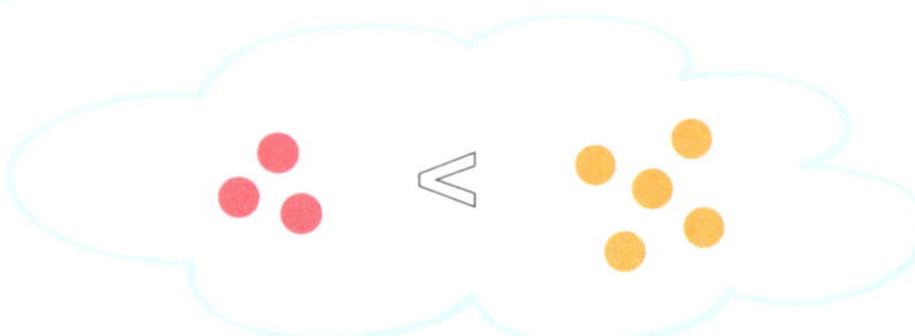

Setze > oder < oder = ein!

4 ist **gleich** 4

Jetzt kannst du das sicher auch mit Zahlen:

4 ____ 5

6 ____ 2

8 ____ 5

5 ____ 5

7 ____ 10

Die Lösung findest du hinten.

Pfiff hat das verstanden.

Aber er möchte es noch einmal probieren.

10 _____ 10

10 _____ 5

10 _____ 7

8 _____ 5

5 _____ 6

5 _____ 7

5 _____ 3

5 _____ 2

0 _____ 6

3 _____ 5

5 _____ 9

1 _____ 0

Die Lösung findest du hinten.

Pfiff schaut zum Himmel.
Oh weh, da sind Wolken aufgezogen!
Aber was für welche!
Kannst du die Zahlen hier einsetzen, sodass die < stimmen?

____ < ____	____ < ____	____ < ____	____ < ____

Und da sind noch drei Wolken aufgezogen:

____ < ____	____ < ____	____ < ____	____ < ____

Das hast du wirklich super gemacht! Weiter so!

Erstes Rechnen bis 10

Kapitel 4

3. Zahlenzerlegungen

Fidibus ist wieder da! Freust du dich?

Zauberst du jetzt auch mit Fidibus?

Das mit den Zauberschachteln hat Pfiff viel Spaß gemacht.
Für dich hat er auch noch einige bereit gelegt.

7

• • •	• • • •
• •	• • • • •
•	• • • • • •

3	4
2	5
1	6

9

5

6

4

Die Zahlen kannst du auch mit den Zahlenhäusern zerlegen, die Molli gemalt hat.

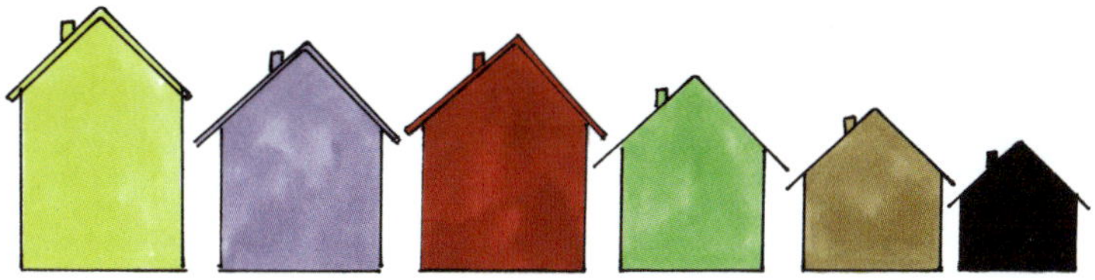

An unserem Körper gibt es auch ganz viel zu zählen.
Pfiff stellt sich zur Verfügung. Zähle, was er alles hat.
Lass dir den lustigen Text vorlesen.

Pfiff, wovon hast du **2**?

2  zum Hören,

2  zum Sehen,

2  zum Winken,

2  zum Gehen.

2  und **2** 

gehören auch noch dazu.

Wovon hast du **1**?

1 

1 

1 

1 

So viele Zahlen an einem Pfiff!

Ist das bei anderen Lebewesen auch so?

Zähle doch einmal, wie viele Beine diese Tiere haben!

Pfiff zählt mit dir.

Wenn du gezählt hast, kannst du die Tiere anmalen.

Pfiff hat noch ein lustiges Fingerspiel für dich.
Vielleicht kennst du es ja auch schon aus der Schule?

10 kleine Zappelmänner zappeln hin und her.
10 kleinen Zappelmännern fällt das gar nicht schwer.

10 kleine Zappelmänner zappeln auf und nieder.
10 kleine Zappelmänner tun das immer wieder.

10 kleine Zappelmänner zappeln rings herum.
10 kleine Zappelmänner sind ja gar nicht dumm.

10 kleine Zappelmänner spielen jetzt Versteck.
10 kleine Zappelmänner sind auf einmal weg.

(Volksgut)

Natürlich kannst du jetzt deine Finger auch anmalen
und das Spiel von den Zappelmännern spielen.

Erstes Rechnen bis 10

Kapitel 4

4. Plusaufgaben

Wenn du etwas zusammenzählst, dann schreibst du + (plus).

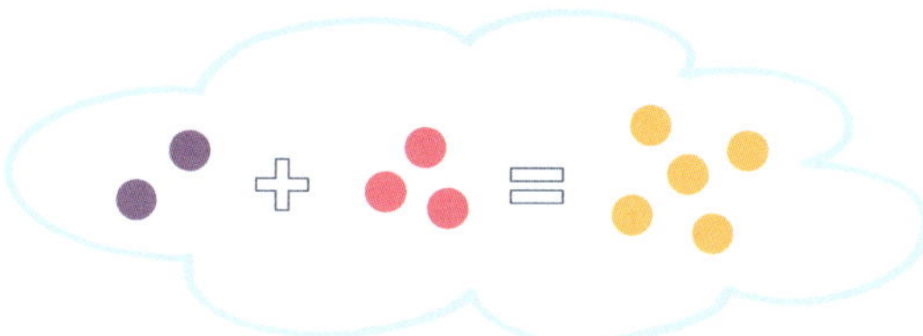

2 + 3 = 5

Pfiff ist wieder auf dem Bauernhof.
Zählst du und schreibst du die Plusaufgabe?

Pfiff hat auf der Wiese des Bauern Pilze gefunden.

Machst du Plusaufgaben?

2 + 3 = 5

4 + 5 = 9

7 + 1 = 9

4 + 2 = 7

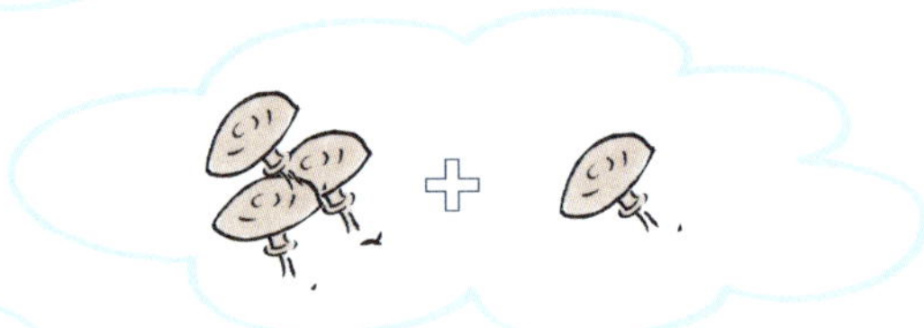

3 + 1 = 4

2 + 5 =

5 + 5 = 10

Die Lösung findest du hinten.

Jetzt hat Pfiff etwas ganz Besonderes für dich.
Hier kannst richtig toll das Rechnen üben.
Ganz viele Plusaufgaben!

Das kleine 1 + 1

1	+ 1	+ 2	+ 3	+ 4	+ 5
1	2	3	4	5	6
2	3	4	5	6	7
3	4	5	6	7	8
4	5	6	7	8	9
5	6	7	8	9	10

Die Lösung findest du hinten.

Pfiff macht Kleckse in ein Feld und schreibt
Plusaufgaben dazu.
Du möchtest ihm sicher helfen!

3 + 3 = 6

5 + 3 = 8

3 + 4 = 7

5 + 4 = 9

Die Lösung findest du hinten.

Jetzt darfst du mit Pfiff und Molli Plusaufgaben rechnen.
Wenn du alle Lösungen unten suchst und **ausmalst**, erhältst du ein schönes Bild. Dann kannst du sehen, was die beiden im Garten entdeckt haben.

8 + 1 = 9

5 + 2 = 7

0 + 3 = 3

0 + 0 = 0

1 + 1 = 2

1 + 3 = 4

0 + 1 = 1

4 + 2 = ~~7~~ 6

Molli hat für Pfiff wieder Zahlenhäuser mitgebracht.
Möchtest du sie mit Pfiff ausfüllen?

5

3 + 2

10

5 + 5

7

1 + 6

Die Lösung findest du hinten.

Hier darfst du jetzt mit Pfiff noch einmal rechnen.
Wenn du alles richtig gelöst hast, kannst du erfahren, was Pfiff im Garten noch beobachtet hat.

Schreibe den Buchstaben zur Lösungszahl!
Los geht's!

8 + 1 =	9	E
4 + 2 =	6	F
7 + 3 =	9	R
5 + 0 =	5	Ä
2 + 2 =	4	K

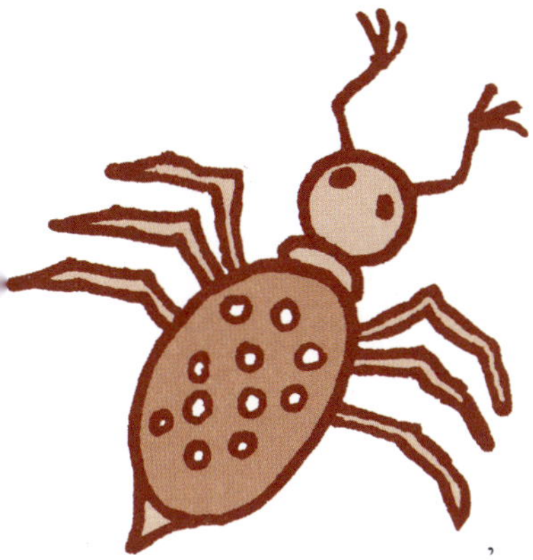

4	5	6	9	10
4	5	6	9	10

Die Lösung findest du hinten.

Kapitel 4 Erstes Rechnen bis 10

5. Ergänzen

Pfiff hat Plusaufgaben gefunden, die etwas anders aussehen. Die Lösung ist schon bekannt. Du musst ausrechnen, was noch fehlt.

? + 2 = 5 | 3 + 2 = 5 | Man nennt das **Ergänzen**.

4 + 5 = 9	C	
___ + 3 = 9	E	
___ + 2 = 4	R	
___ + 5 = 10	H	

___ + 1 = 1	K
___ + 7 = 8	I
___ + 3 = 6	S
___ + 1 = 8	N

Möchtest du es einmal mit Pfiff versuchen?
Es gibt wieder Lösungsbuchstaben.
Du kannst erfahren, welches Obst Pfiff noch mag.

0	1	2	3	4	5	6	7

Trage hier die Buchstaben ein!

Möchtest du mit Pfiff noch mehr dieser Aufgaben rechnen?

Das ist ja gar nicht so schwer.

____ + 10 = 10	____ + 8 = 10
____ + 7 = 10	4 + ____ = 8
____ + 4 = 10	1 + ____ = 8
____ + 1 = 10	2 + ____ = 10

Einmal möchte Pfiff das schon noch üben:
Er hat wieder Pilze gesammelt
und wieder sind es ganz besondere.

__ + 1 = 9

2 + __ = 8

5 + __ = 5

__ + 3 = 6

__ + 8 = 10

4 + __ = 7

3 + __ = 10

Kannst du noch einmal schnell
mit Pfiff > **und** < wiederholen?

2	<	7	4	>	2
4	___	6	7	___	10
6	___	4	8	___	7
1	___	5	1	___	0
3	___	1	0	___	1
4	___	8	3	___	3

> < < > < > > < < > =

Und hier? Ergänze selbst richtige Zahlenpaare!

Kapitel 5 Die Zahlen bis 20

1. Einführung

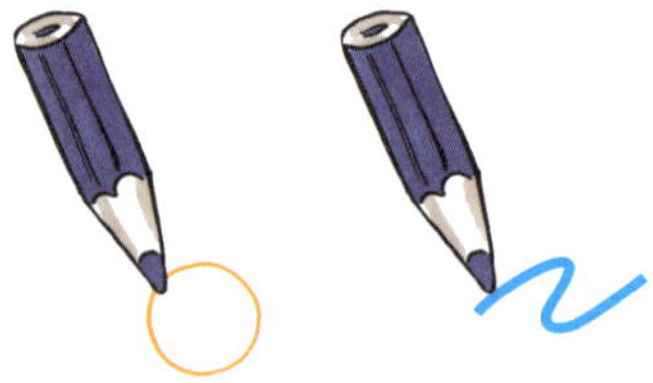

Pfiff betrachtet das Treiben im Meer.
Zähle genau! Kreise ein! Verbinde mit der Zahl!

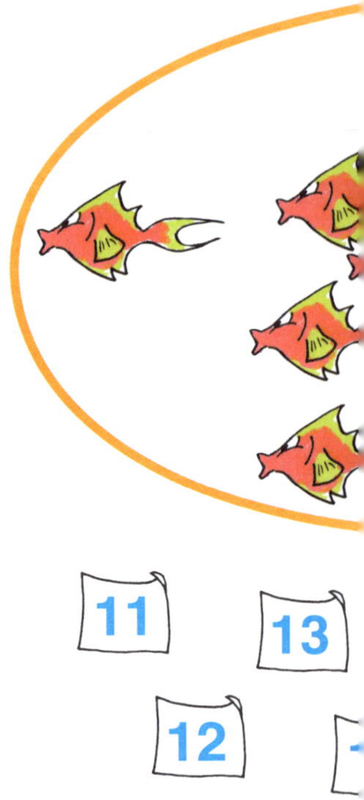

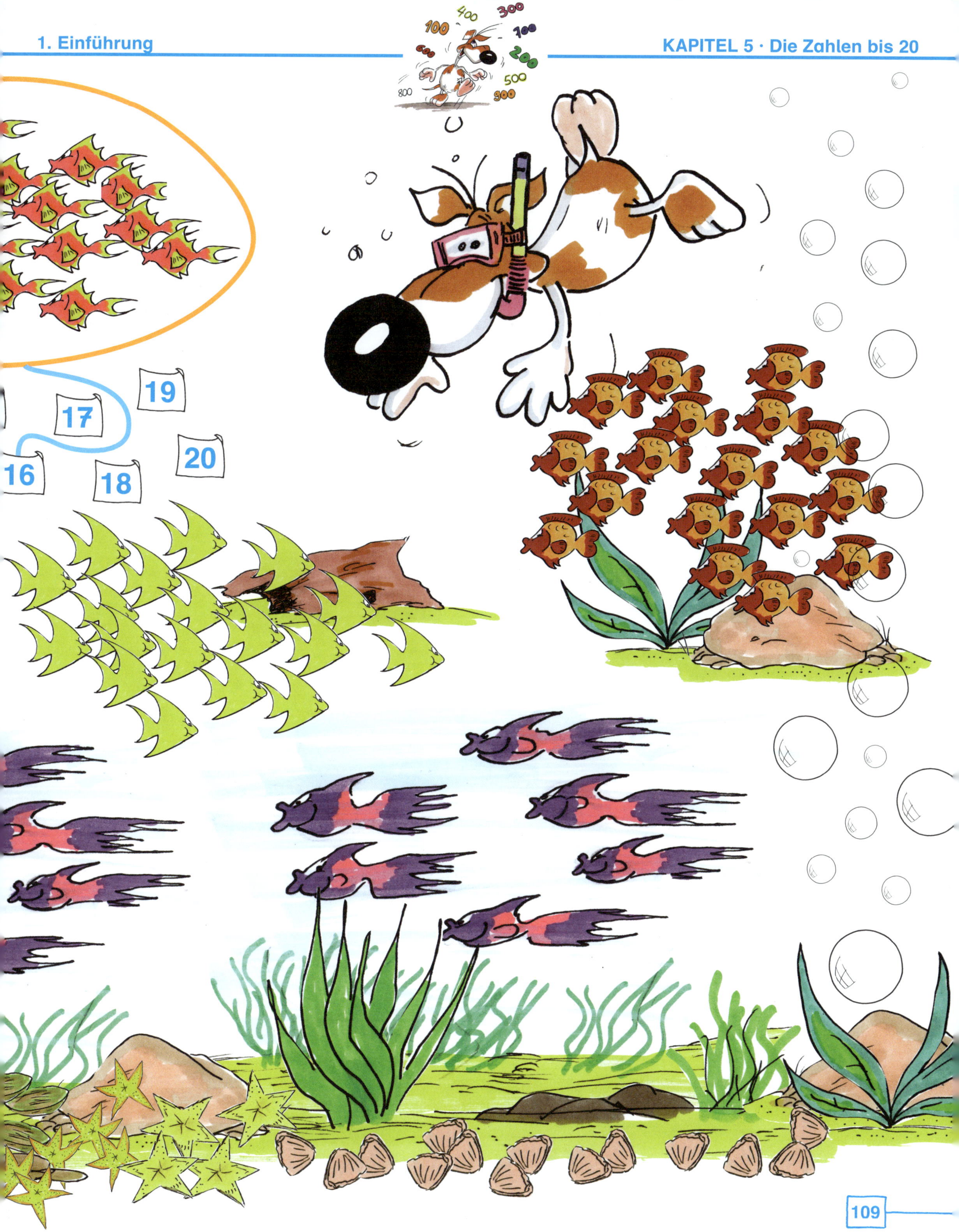
100
400
300
100
200
500
900
800
19
17
20
16
18

Pfiff hat es gemerkt. Du sicher auch.
Es waren die Zahlen bis **20**.
Schreiben üben musst du sie ja nicht mehr.
Aber schreibe die Aufgaben!

11		10 + 1
12		
13		
14		
15		
16		
17		
18		
19		
20		

Das möchte Pfiff sich genauer ansehen:
Du sicher auch, oder?

Schreibe die jeweils richtige Zahl unter die Erdbeere!

Jetzt kannst du es noch einmal umgekehrt machen.
Wo verstecken sich die Zahlen? Verbinde!

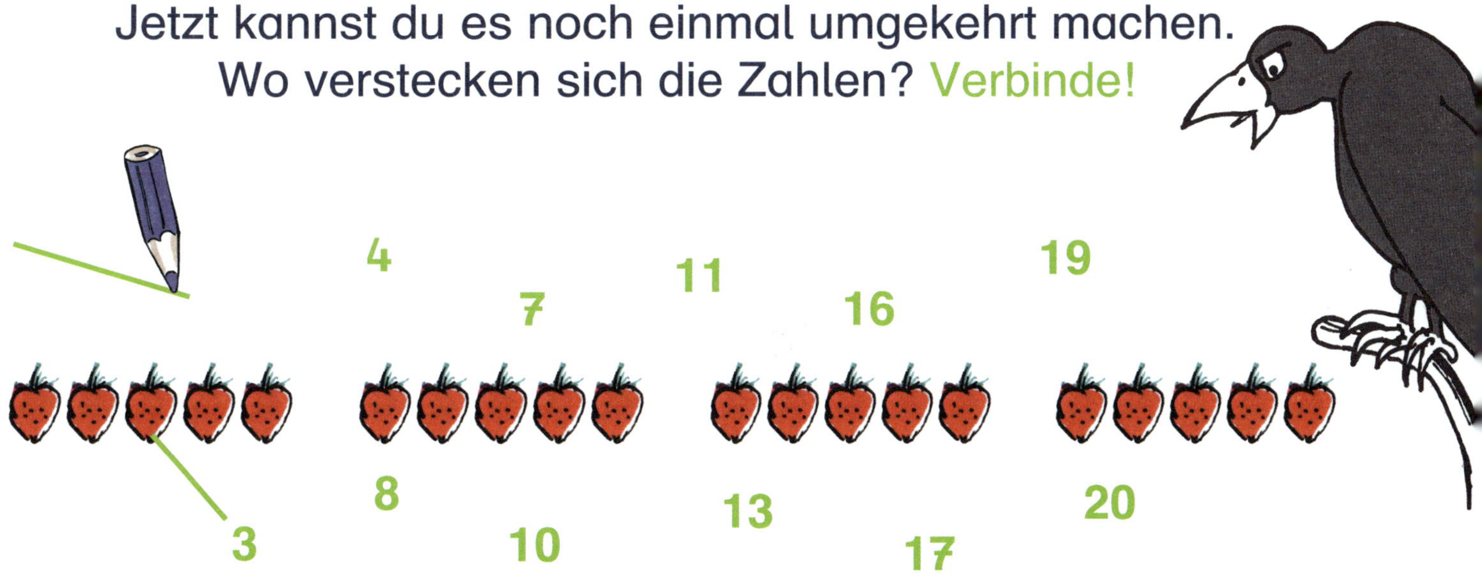

Das hat viel Spaß gemacht. Meint Pfiff jedenfalls.

Dir doch auch? Deshalb geht es jetzt gleich weiter. Verbinde!

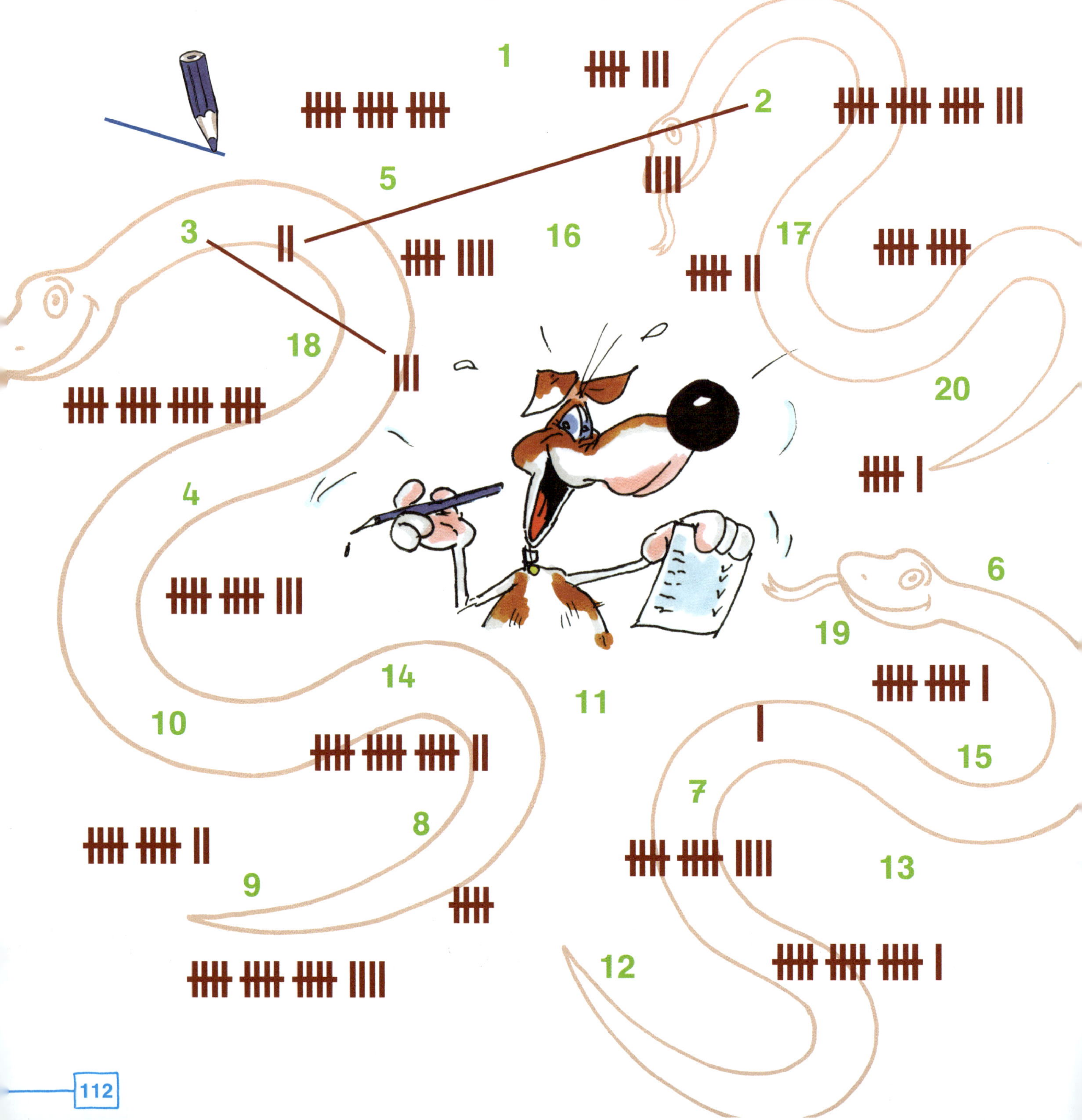

Oh, das war gar nicht so einfach!
Ob die nächsten Aufgaben noch schwerer sind?

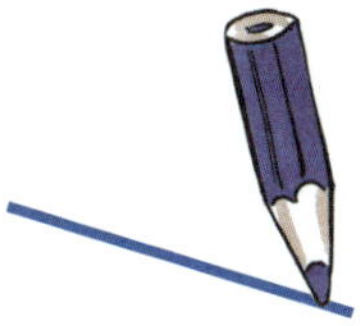

10 + 4

5 + 2

10 + 7

10 + 10

1 + 3

5 + 7

10 + 9

4 + 3

10 + 5

Kannst du jetzt mit Pfiff die Zahlenreihe vollständig machen?
Trage die fehlenden Zahlen ein. Viel Spaß!

1 ◯ ◯ ◯ 5 ◯ ◯ ◯

9 ◯ ◯ ◯ 13 ◯ ◯ ◯ 17 ◯ ◯ 20

Pfiff und Molli machen ein Wettwerfen. Sie haben ganz viele Bälle und wollen sie in einen Korb werfen.

Diese Bälle sind im Korb gelandet:

Pfiffs Treffer

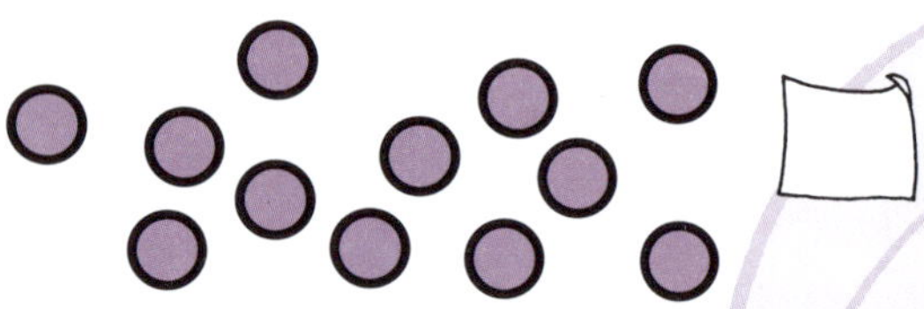

Mollis Treffer

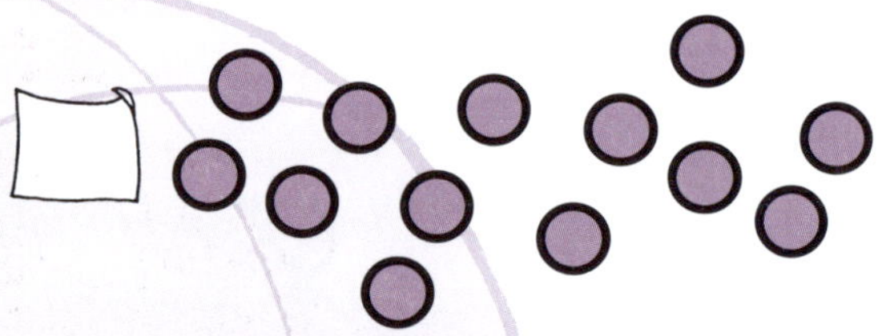

Na, wer hat gewonnen?

__________ ist Sieger.

Jetzt gibt es erst einmal eine kleine Pause.
Du darfst malen. Pfiff freut sich schon.
Er darf nämlich auch malen.

Schreibe immer **Vorgänger** und **Nachfolger** auf!
Male die Zahlfelder unten an!

davor		danach
3	4	5
____	7	____
____	11	____
____	13	____

davor		danach
11	12	____
____	19	____
____	17	____
____	____	13

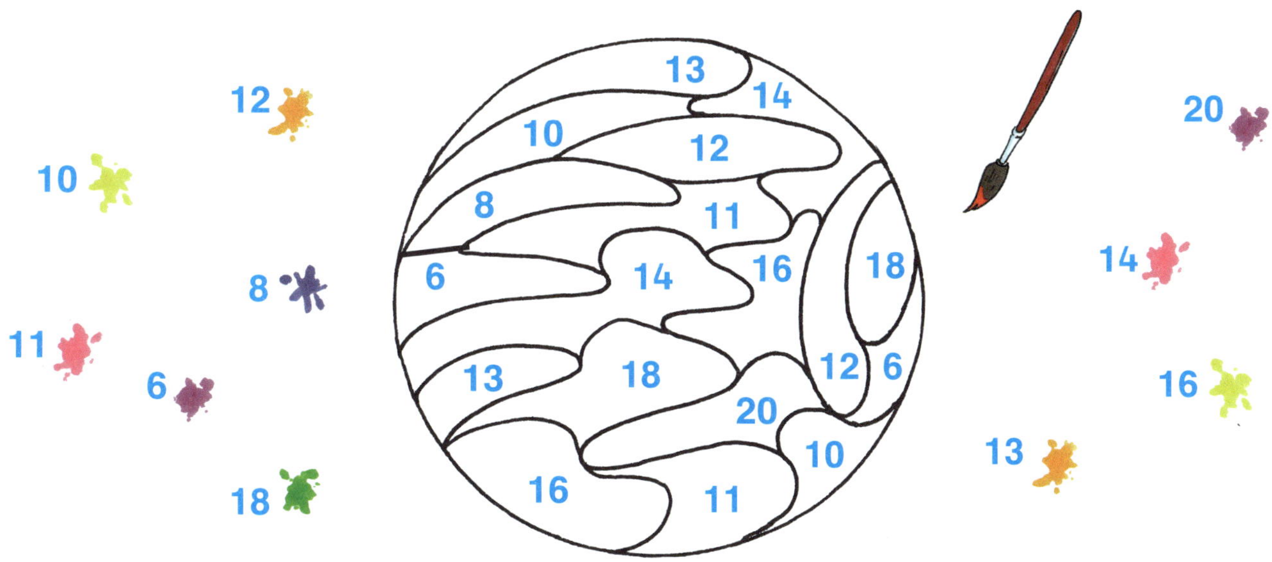

Noch einmal darfst du eine kleine Pause machen.
Verbinde die Zahlen der Reihe nach.
Beginne bei der **0**!

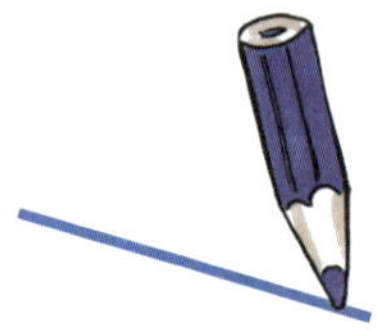

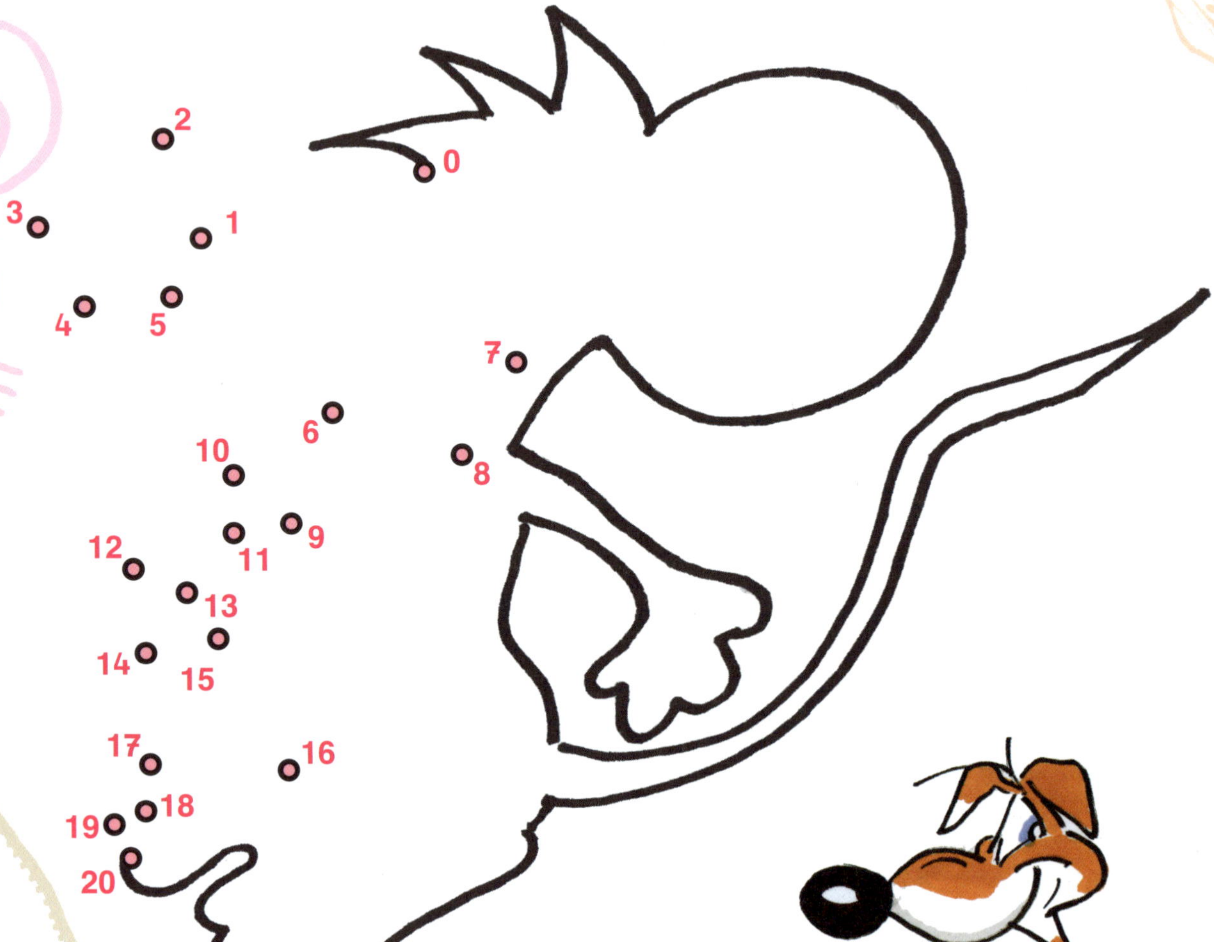

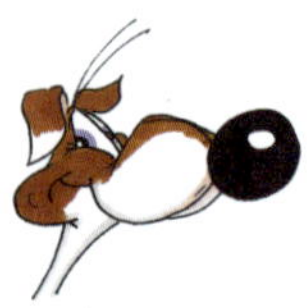

Na, wen hat Pfiff hier entdeckt?

Pfiff und Molli spielen Karten.
Das machst du doch sicher auch gerne.
Hier müssen immer zwei Karten zusammenpassen.
Hilfst du den beiden?
Verbinde!

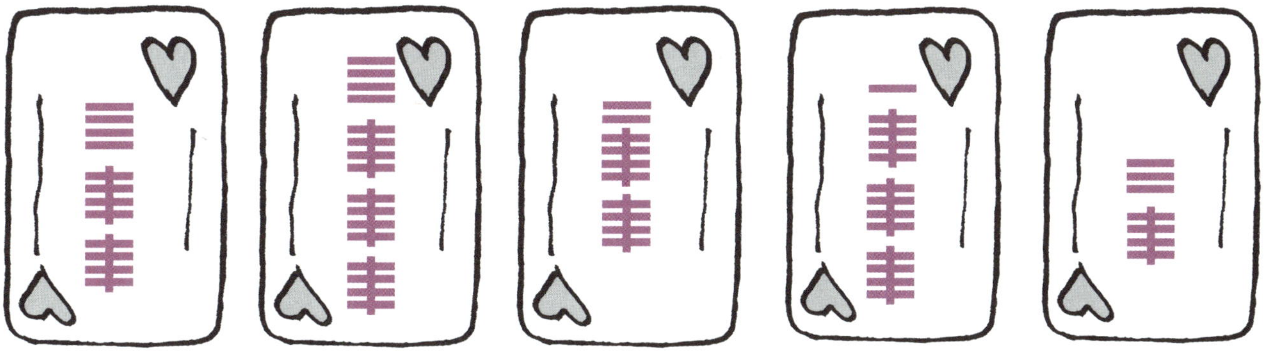

Kartenspielen ist schön.

Pfiff, Molli und Kathrin spielen nun ein anderes Spiel, das **Vorgänger-Nachfolger-Spiel**.

Immer 3 Karten passen zusammen.

Ergänze die fehlende Punktzahl.

a)	0	1	2
b)	7	8	
c)		9	
d)		12	
e)	15		
f)		18	
g)			20

Die Lösung findest du hinten.

Aus allen Karten müssen die Freunde jetzt immer **4** Karten finden. Es müssen immer **5 mehr** sein.

Die Lösung findest du hinten.

Pfiff und Molli rennen um die Wette.
Die Laufstrecke ist **20 Meter** lang.

Molli macht große Schritte. Sie macht **2er**-Schritte.
Schreibst du die Schritte hier auf?

0 2 ___ ___ ___ ___ ___ ___ ___ ___ **20**

Wie viele Schritte waren das? Molli macht ___ Schritte.

Und Pfiff? Pfiff macht **4er**-Schritte. Schreibst du die auch auf?

0 4 ___ ___ ___ **20**

Wie viele Schritte ist Pfiff gelaufen?

Pfiff macht ___ Schritte.

Wer hat mehr Schritte gemacht?

☐☐☐☐☐ hat mehr Schritte gemacht.

Die Lösung findest du hinten.

Molli hat für Pfiff Bonbons mitgebracht.

10 Bonbons + **3** Bonbons = **13** Bonbons

1 Zehner
1 Z

3 Einer
3 E

Das kannst du mit den folgenden Zahlen auch machen:

Zehner	Einer		
1	**1**	**10 + 1 =**	**11**
2	2	**10 + 2 =**	21
3	3	**10 + 3 =**	13
4	4	**10 + 4 =**	4'
5	5	**10 + 5 =**	
6	6	**10 + 6 =**	
7	7	**10 + 7 =**	
8	8	**10 + 8 =**	
9	9	**10 + 9 =**	
10	10	**10 + 10 =**	

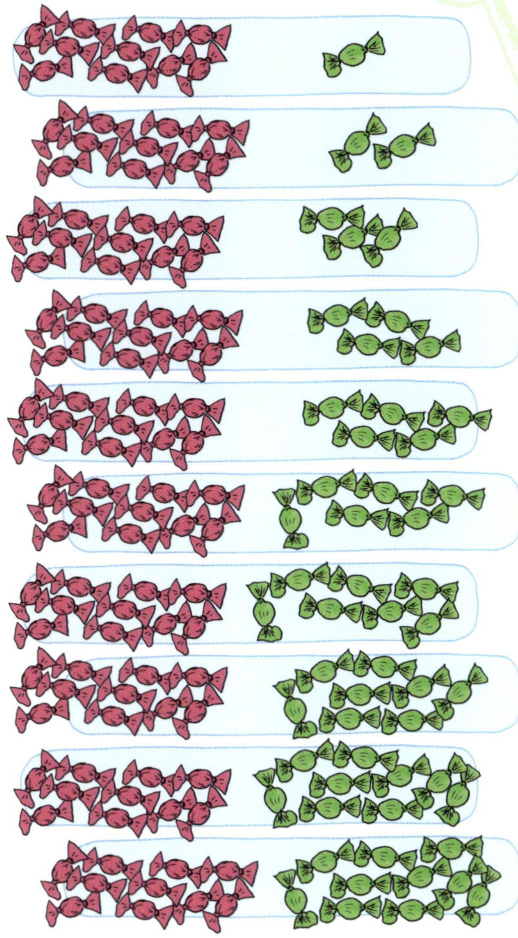

Die Lösung findest du hinten.

Hier sollst du immer die **10** oder die **20** voll machen.

Das kannst du bestimmt!

immer 10 | **immer 20**

𝍸 𝍷𝍷𝍷 𝍷𝍷	8 + 2	𝍸 𝍸 𝍸 𝍷𝍷𝍷 𝍷𝍷	18 + 2
𝍸 𝍸		𝍸 𝍸 𝍸 𝍸	
𝍸 𝍷𝍷 𝍷𝍷𝍷		𝍸 𝍸 𝍸 𝍷𝍷 𝍷𝍷𝍷	
𝍷𝍷𝍷𝍷 𝍸 𝍷		𝍸 𝍸 𝍷𝍷𝍷𝍷 𝍸 𝍷	

Die Lösung findest du hinten.

Jetzt kannst du mit Pfiff ein paar **Plusaufgaben** mit den großen Zahlen versuchen.

Hast du Lust? Rechne!

Male immer das Lösungsfeld unten an!

10 + 2 = ____	15 + 2 = ____
12 + 3 = ____	10 + 3 = ____
17 + 3 = ____	12 + 4 = ____
11 + 0 = ____	14 + 4 = ____
16 + 3 = ____	11 + 3 = ____

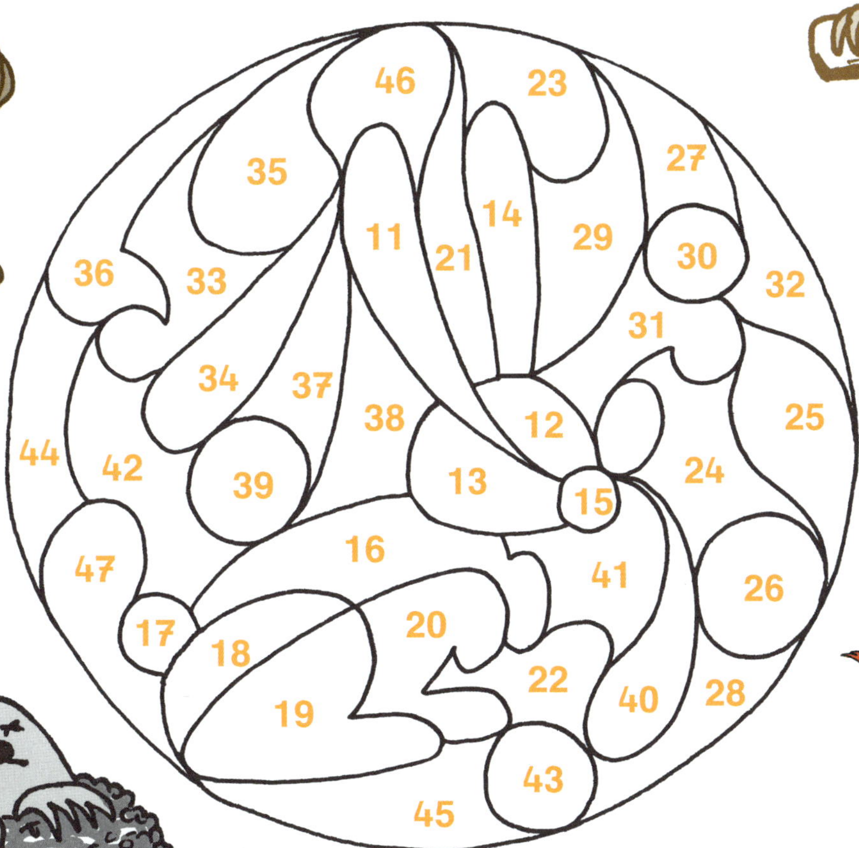

Kapitel 5 Die Zahlen bis 20

2. Minusaufgaben

Pfiff ist mit Molli auf dem Jahrmarkt.
Die beiden fahren Karussell. Die Wagen halten an.
Da sitzen **5** Kinder. **2** steigen aus, **3** bleiben übrig.
Wie kannst du das als Aufgabe schreiben?
Das weißt du sicher schon.

5 minus 2 gleich 3
5 – 2 = 3

Rechnest du diese Minusaufgaben mit Pfiff?

15 – 5	●●●●● ●●●●● ~~●●●●●~~	10
17 – 3	●●●●● ●●●●● ●●●●~~●●●~~	
8 – 6	●●~~●●● ●●●~~	
5 – 5	~~●●●●●~~	
18 – 6	●●●●● ●●●●● ●●~~●●● ●●●~~	

Die Lösung findest du hinten.

Pfiff freut sich.
Er kann nun auch **Minusaufgaben** rechnen.
Du möchtest sicher mit ihm üben.
Kannst du zu den Kugelbahnen die **Minusaufgaben** schreiben?

10 – 3 = ___

___ – ___ = ___

Das geht ja schon immer besser.
Übe aber trotzdem fleißig weiter!
Schreibe die **Minusaufgaben**!

●●●●● ~~●●~~	7 – 2 = 5	●●●●● ●●●●● ●●●●● ~~●●~~	17 – 2 =15
● ~~●●~~		●●●●● ●●●●● ● ~~●●~~	
●●●●● ~~●●●●~~		●●●●● ●●●●● ●●●●● ~~●●●●~~	
● ~~●●●~~		●●●●● ●●●●● ● ~~●●●~~	
●●●●● ●●●● ~~●~~		●●●●● ●●●●● ●●●●● ●●●● ~~●~~	
~~●●●~~		●●●●● ●●●●● ~~●●●~~	
●●●● ~~●●●●~~		●●●●● ●●●●● ●●●● ~~●●●●~~	

Die Lösung findest du hinten.

Ein wenig möchte Pfiff noch rechnen.
Minusaufgaben sind wichtig.
Wenn du sie gelöst hast, erfährst du,
was Pfiff nach seiner Arbeit essen und trinken wird.

18 – 4 = ____
19 – 8 = ____
16 – 2 = ____
7 – 4 = ____
20 – 9 = ____

10 – 7 = ____
8 – 4 = ____
6 – 5 = ____
5 – 5 = ____

Schreibe die Buchstaben hinter die Aufgaben!

0	1	3	4	11	14
T	F	S	A	E	K

Pfiff möchte ____ ____ ____ ____ ____ essen
und ____ ____ ____ ____ trinken.

Guten Appetit, Pfiff!

Pfiff und Molli beobachten im Streichelzoo die kleinen Tiere.
Einige Häschen und Schweinchen laufen weg.
Wie sieht die jeweilige Minusaufgabe dazu aus?

5 – __ = __

__ – __ = __

__ – __ = __

__ – __ = __

__ – __ = __

Die Lösung findest du hinten.

Im Affenhaus liegen überall Bananen.
Wie viele Bananen haben die Affen übrig gelassen?
Schreibst du die Aufgabe dazu?

___ – ___ = ___

___ – ___ = ___

___ – ___ = ___

Hier die Lösungen: 5, 6, 3

Endlich dürft ihr wieder **malen**, Pfiff und du!

Pfiff schaut ins Aquarium.
Rechne und male die Lösungsfelder **bunt** an!

11 + 3 = ____

17 + 2 = ____

13 + 5 = ____

12 + 5 = ____

10 + 1 = ____

16 – 6 = ____

14 – 2 = ____

19 – 8 = ____

15 – 1 = ____

16 – 1 = ____

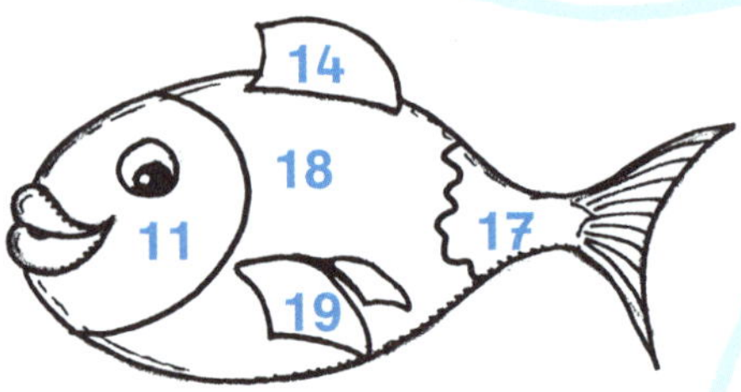

8 – 7 = ____

18 – 7 = ____

6 – 3 = ____

16 – 3 = ____

20 – 10 = ____

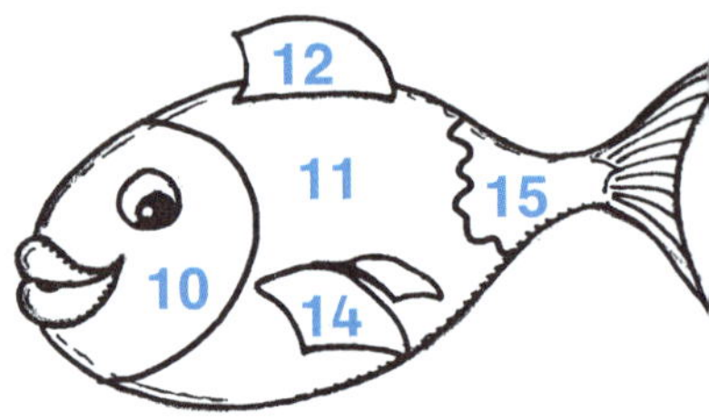

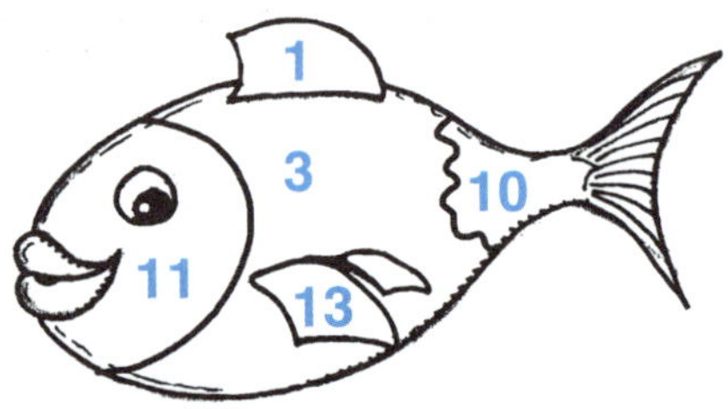

Und weiter geht es mit den Fischen.
Aber aufgepasst! Dieses Mal sind die **Plusaufgaben** und die **Minusaufgaben** durcheinander.

12 + 4 = ____

15 + 4 = ____

13 – 2 = ____

18 – 6 = ____

7 – 5 = ____

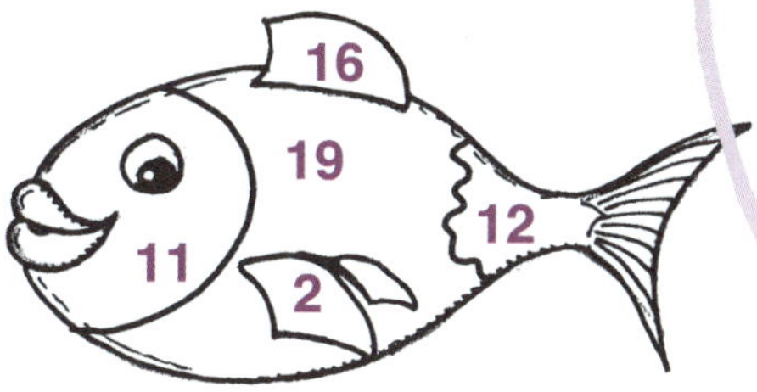

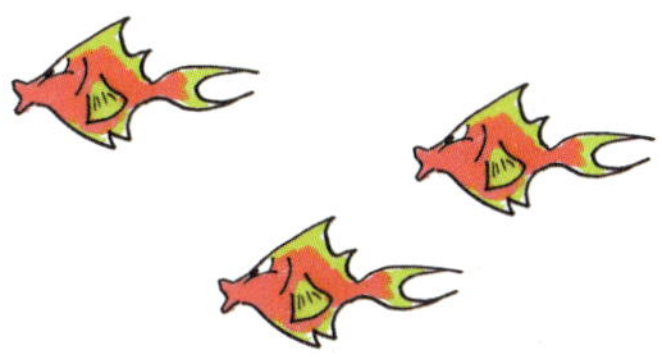

16 – 4 = ____

19 – 3 = ____

12 + 7 = ____

13 + 4 = ____

20 – 5 = ____

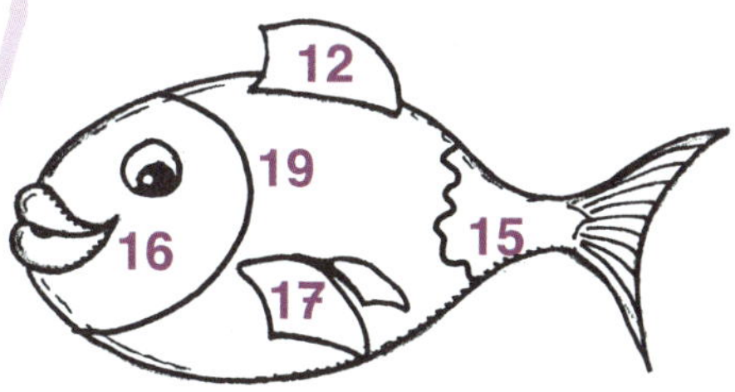

Noch ein letztes Mal versucht Pfiff,
ein paar **Minus- und Plusaufgaben** zu rechnen.
Diese hier sind einfach. Findest du nicht?

1.

4 + 5 = ____
6 – 3 = ____
1 + 7 = ____

2.

14 + 5 = ____
0 + 3 = ____
11 + 7 = ____

3.

2 + 7 = ____
13 + 7 = ____
18 – 4 = ____

Danach macht Pfiff eine Rechenpause.
Was er dann tut, kannst du nach dem Rechnen erfahren.

A	R	D	F	H	E	N
3	9	8	19	18	20	14

Trage die Buchstaben nach der Reihenfolge ein!
Pfiff wird jetzt erst einmal eine Runde

___ ___ ___   ___ ___ ___ ___ ___ ___.

Pfiff räumt wieder auf.
Sicher musst du das auch öfter tun. Oder?
Sortiere doch die Aufgaben in die Kisten.
Kannst du das? Verbinde mit Strichen.

10 + 5 | 10 + 6 | 10 + 7

20 – 5 | 20 – 3 | 20 – 4

13 + 4 | 13 + 2 | 13 + 3

17 – 0 | 17 – 1 | 17 – 2

Hast du alles richtig eingeräumt?

Kapitel 6 Geometrische Grunderfahrungen

1. Rechts oder links

Kennst du das Spiel **„Mein rechter rechter Platz ist frei“?**
Pfiff, Molli, Kathrin, Tom und Fidibus spielen es.

Beantworte alle Fragen.
Beachte dabei, dass du aus der Sicht der jeweiligen Person denken musst!

Wer steht rechts von Tom? ____________

Wer steht links von Molli? ____________

Wer steht rechts von Fidibus? ____________

Wer steht rechts von Kathrin? ____________

Wer steht links von Pfiff? ____________

Die Lösung findest du hinten.

Pfiff ist auf der Straße.

1. Was sieht Pfiff rechts (r), was sieht er links (l)?

rotes Auto   Ampel   Molli   Fahrrad

2. Was sieht Kathrin rechts (r), was sieht sie links (l)?

gelbes Auto   Mädchen   Molli   Ampel

Die Lösung findest du hinten.

Kapitel 6 Geometrische Grunderfahrungen

2. Oben, unten, vorne, hinten

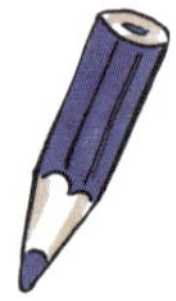

In diesem Haus wohnt Pfiff.

Wer wohnt unten?

____

____

____

Wer wohnt in der Mitte?

____

____

____

Wer wohnt oben?

____

____

____

Schau dir noch einmal Pfiffs Haus an.
Dann schreibe auf, wer dort wo wohnt!

____________ ____________ ____________

Hier sind die „geschüttelten“ Personen: uarF, subidiF, ffifP.

Wo wohnen sie? **Male** wie oben!

Tom

Kathrin

alter Mann

Die Lösungen: sthcer ettiM, sknil ettiM, sthcer netnu.

Pfiff hat mit Tom im Keller aufgeräumt.

Male! Beachte, wo die Sachen stehen.
Wie viele sind es jeweils?

	vorne	hinten
oben		
unten		
zusammen		

Die Lösung findest du hinten.

Pfiff und Tom haben Toms Mutter beim Pflanzen geholfen.
Kannst du das jetzt auch?

Male die Anzahl der Blumen!

	vorne	hinten
rechts		
links		
zusammen		

Die Lösung findest du hinten.

Kapitel 6 Geometrische Grunderfahrungen

3. Linien

Pfiff spielt mit seiner elektrischen Eisenbahn.

Der Zug muss aber viele Kurven fahren, nicht wahr?

Hier sind Linien. So kann Pfiff seine Eisenbahn auch bauen:

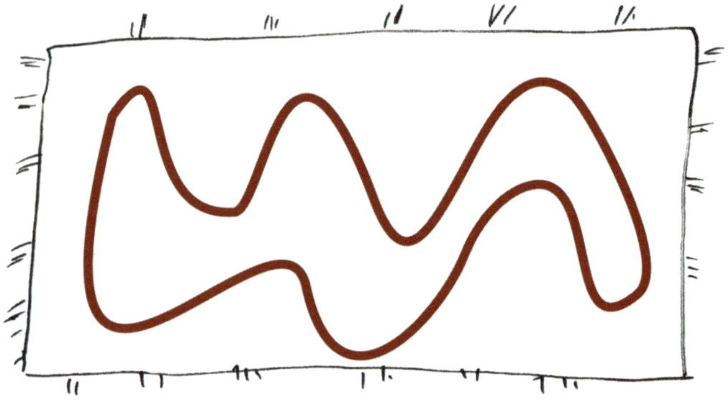

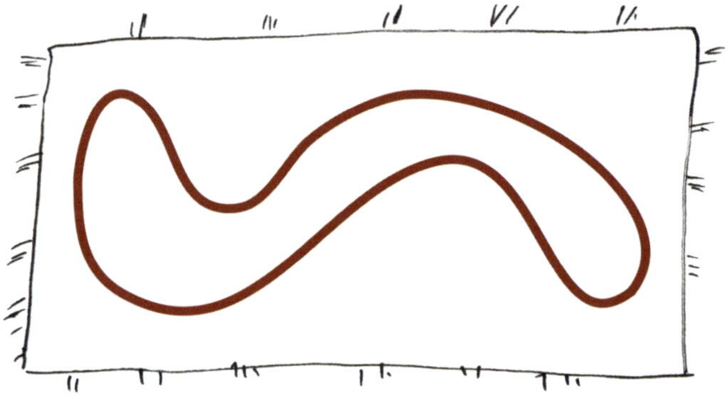

Zeichnest du die Linien nach? Das sind **geschlossene** Linien.

Pfiff spielt immer noch mit seiner elektrischen Eisenbahn.
Malst du seine Linien nach?

Diese hier sehen anders aus. Es sind **offene** Linien.

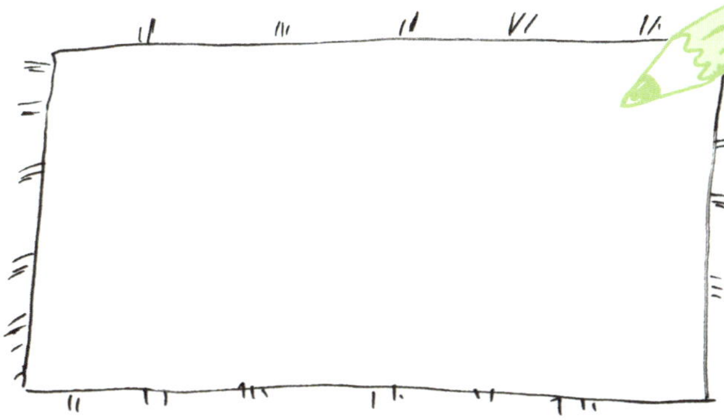

Pfiff spielt mit Molli und Kathrin draußen.
Sie laufen Linien.

Kannst du diese Linien
auch nachzeichnen?

Diese Linien nachzumalen ist bestimmt schwer.
Möchtest du es probieren?
Pfiff versucht es auch.

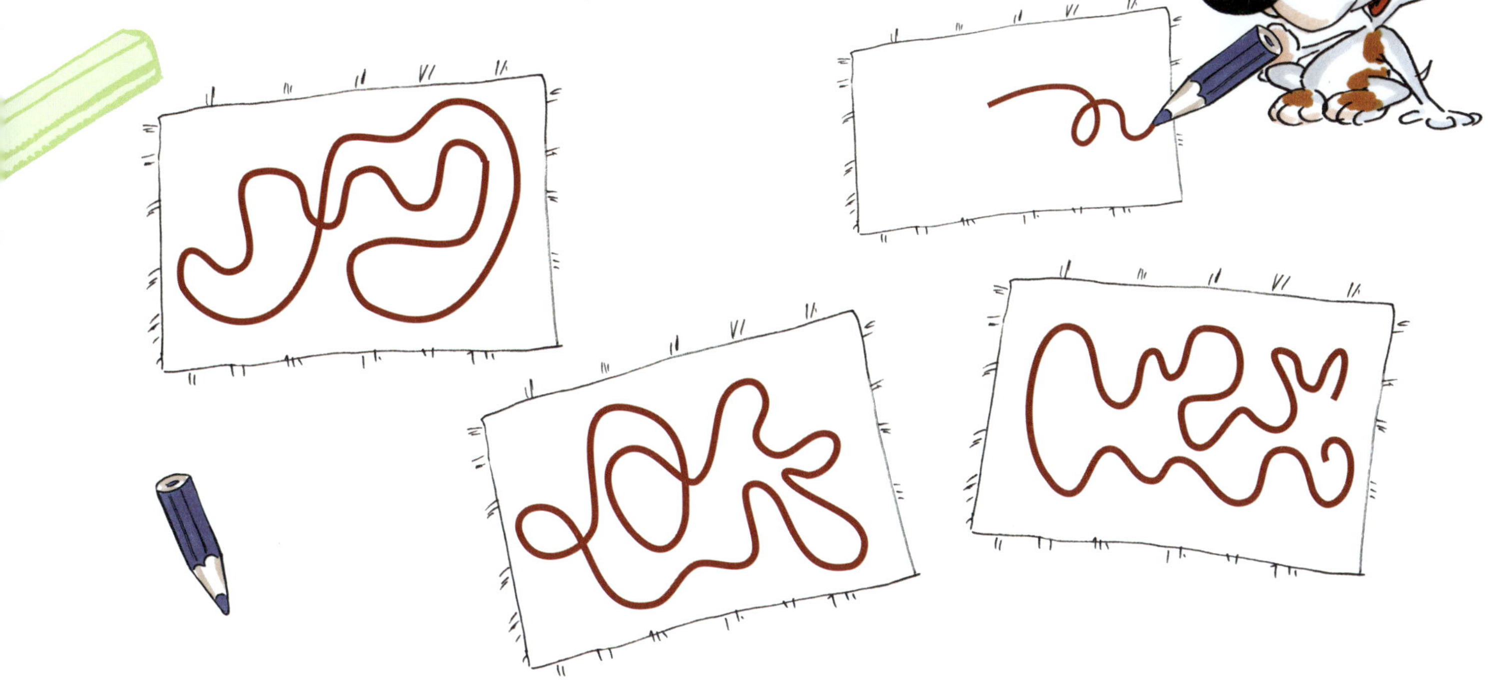

Es waren ____ **geschlossene** Linien

und ____ **offene** Linien.

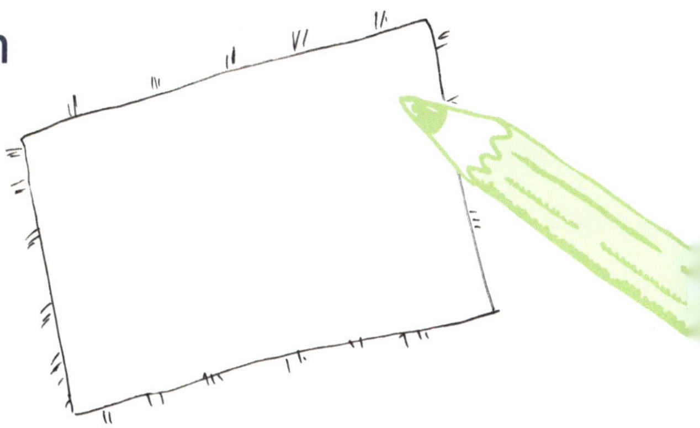

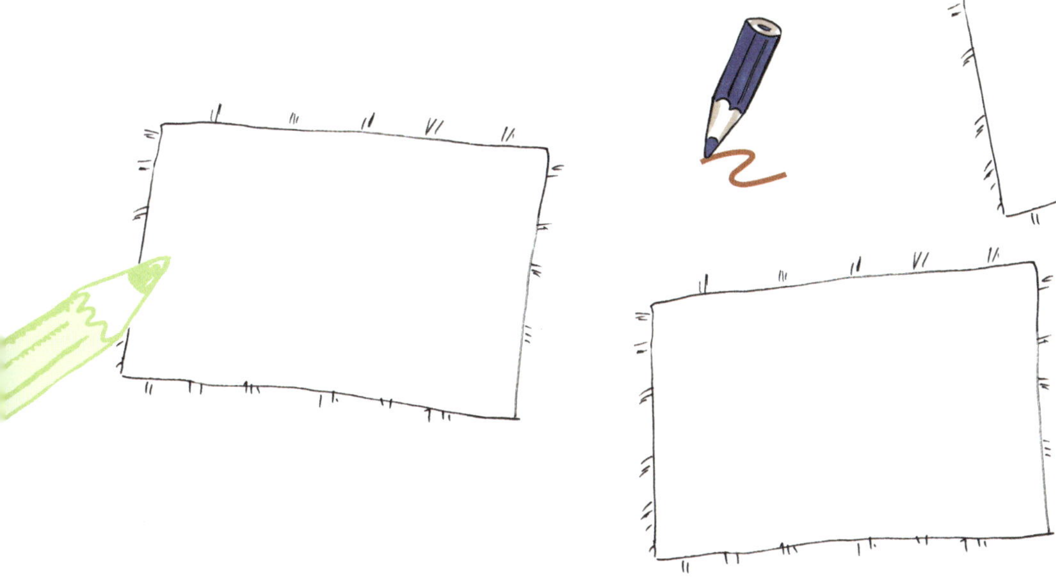

Kapitel 6 Geometrische Grunderfahrungen

4. Muster

Jetzt darfst du mit Pfiff wieder etwas **malen**.
Das habt ihr euch verdient nach so vielen Linien.
Pfiff ist am See und lässt kleine Boote schwimmen.
Male die Boote **blau** und das Segel **gelb** und **rot** an!

Male das große Boot und das große Segel nun mit den gleichen Farben an! Verteile sie aber anders!

Das hat Pfiff Spaß gemacht. Und dir?

Nun heißt es Muster malen.

Kannst du das Muster fortführen?

Hier gleich noch ein Muster:

Nun darf Pfiff die Farben selbst aussuchen.
Du kannst auch wählen.

Male die Muster schön
und sehr sorgfältig.

Achte auf die Linien und
male nicht darüber!

Male die Kreise
bunt an!

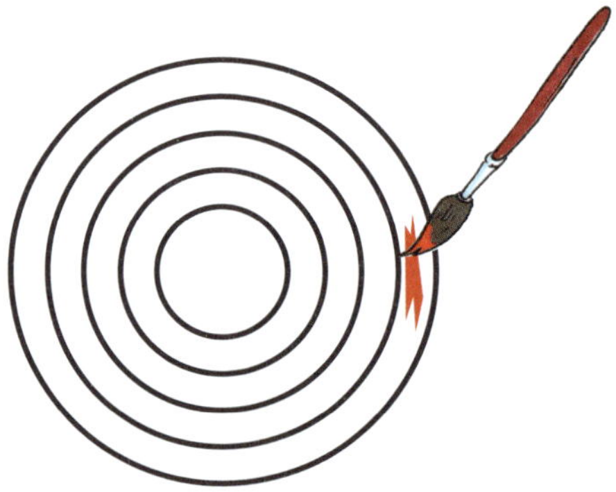

Viel Spaß!

Male Blüte und
Kreis an!

Und noch einmal
heißt es Malen.

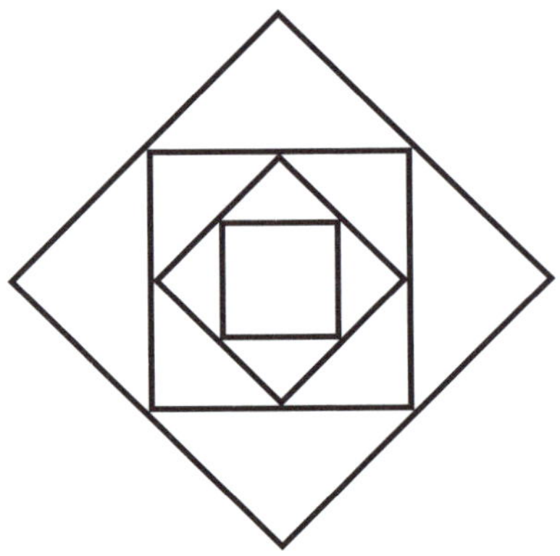

Na, war das schön?

Geometrische Grunderfahrungen

Kapitel 6

5. Geometrische Grundformen

Pfiff spielt. Schau dir an, womit.

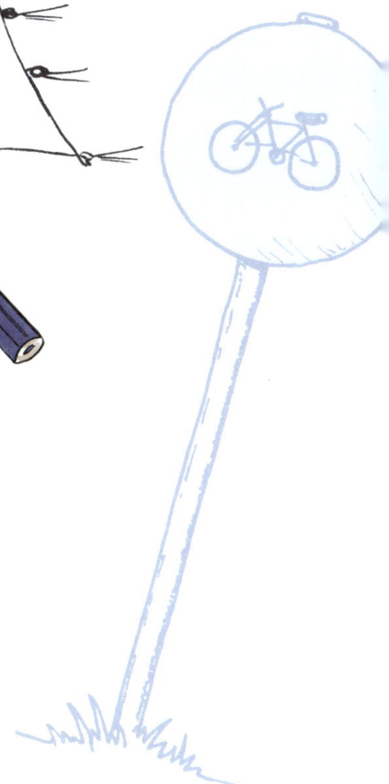

Zählst du die bunten Formen?
Mache Striche! Es sind:

Bestimmt hast du dir Pfiffs Spielelandschaft lange angeschaut. Sieh noch einmal genau hin und **male** an!

Das hat sicher Spaß gemacht. 

Pfiff hat ganz viele Formen hier auf dem Blatt verteilt.

Male alle so an:

Vom Malen kannst du sicher nicht genug bekommen.
Pfiff hat für dich gebastelt.

Er hat **Dreiecke**  ,

Quadrate  und **Kreise** 
ausgeschnitten und legt Figuren.

Male an!

Zum Abschluss hat Pfiff noch einige Muster für dich gezeichnet. Möchtest du sie anmalen?

Toll hast du das gemacht!
Jetzt darfst du dir zuerst
ein paar Hilfsmittel suchen.

Du brauchst etwas, womit du Kreise zeichnen kannst:

ein **2-€-Stück**
oder den **Deckel einer Getränkeflasche**
oder einen **Eierbecher**.

Siehst du die Raupe hier?

Hier kannst du deine Raupe malen. Die wird bestimmt super!

Pfiff möchte versuchen, ob man so eine Raupe auch aus anderen Formen zeichnen kann.

Möchtest du ihm helfen?

Schau dich zu Hause um, vielleicht findest du Dinge, die du als Zeichenvorlage verwenden kannst.

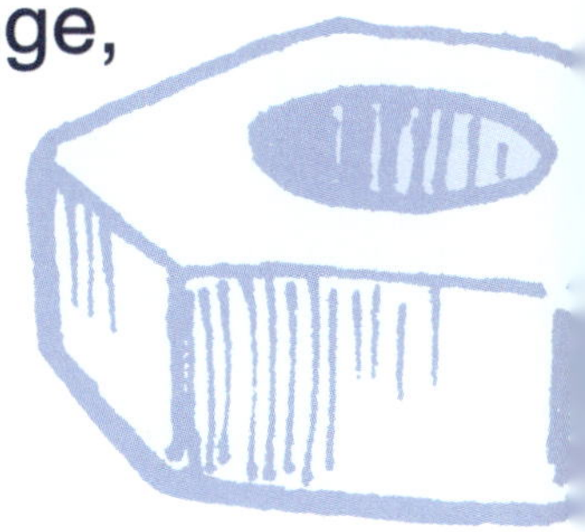

Kapitel 7 Rechenstrategien

1. Verdoppeln und Halbieren

Pfiff hat 5 Murmeln.
Kathrin hat doppelt so viele.
Wie viele sind das?

Pfiff Kathrin

5 + 5 = 10

Verdoppeln ist ganz einfach, findet Pfiff.

Molli hat doppelt so viele wie Kathrin.

10 + 10 = ____

Molli hat 3 Lutscher. Pfiff hat doppelt so viele:

3 + ____ = 6

Kathrin hat 4 Bonbons. Tom hat doppelt so viele:

____ + ____ = ____

Die Lösung findest du hinten.

Fidibus ist wieder da. Freust du dich?
Er hat Zaubertricks mitgebracht.

Fidibus zaubert das **Doppelte**. Du hilfst ihm sicher dabei.

Wie viele sind es jetzt?

____ Würfel ____ Bälle ____ Reifen

Du bist ja auch ein Zauberer!

Übrigens: In gedruckten Büchern findest du die 7 und die 4 oft so: 7 und 4.

Pfiff hat das verstanden. **Verdoppeln** heißt:
die gleiche Anzahl wieder dazugeben.

Klasse! Dann kannst du sicher auch das hier?

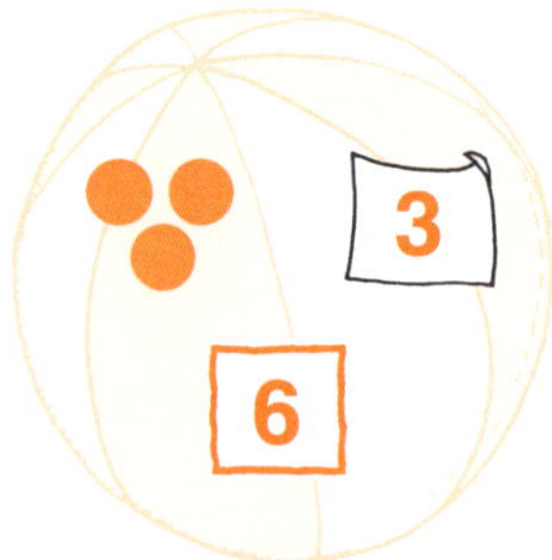

Schreibe die Anzahl der Punkte in das Kästchen daneben und die verdoppelte Anzahl in das farbige darunter.

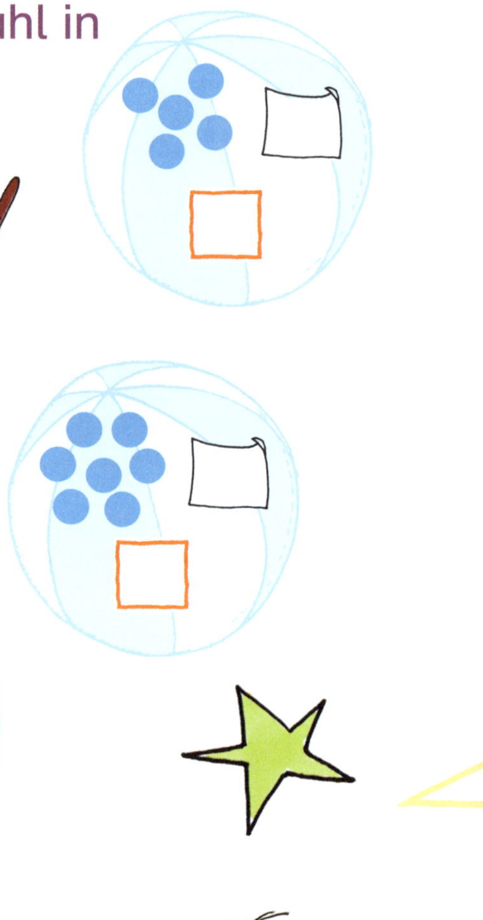

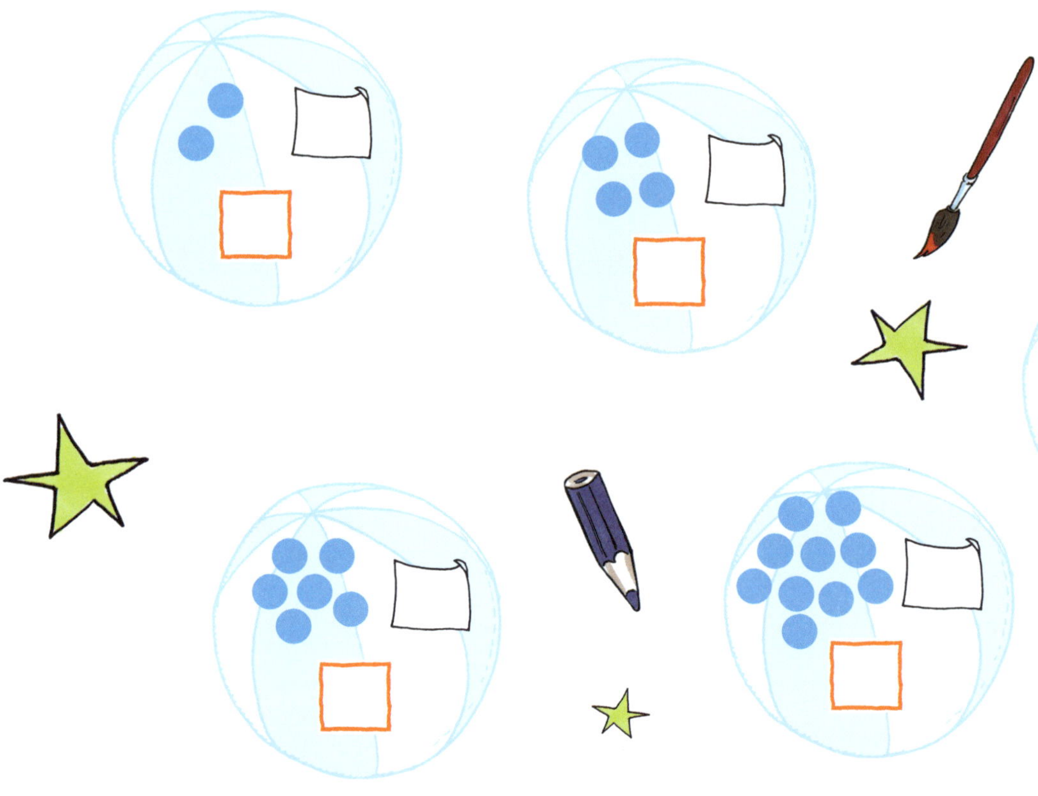

Möchtest du wissen, ob du richtig verdoppelt hast?
Dann schau bei den Lösungen nach!

Das macht Pfiff richtig Spaß.
Kathrin hat mit ihm kleine Armbänder gebastelt.
Sie wollen sie beim Sommerfest verkaufen.
Mache die Ketten vollständig! Immer das **Doppelte**!

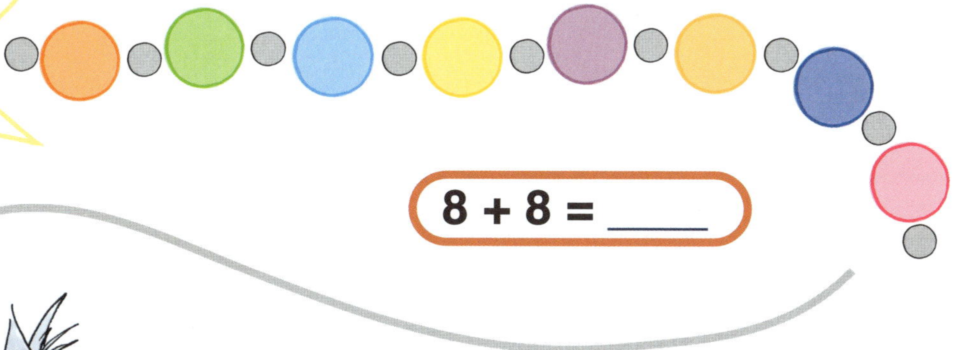

8 + 8 = ____

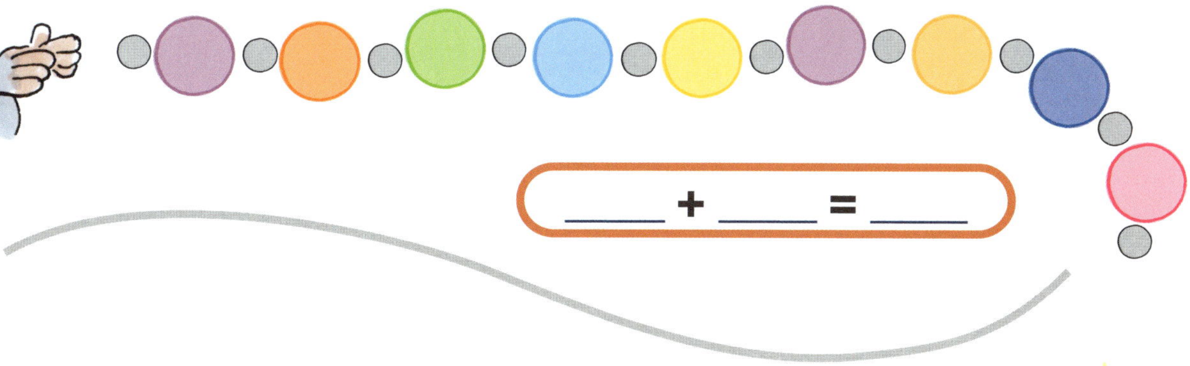

____ + ____ = ____

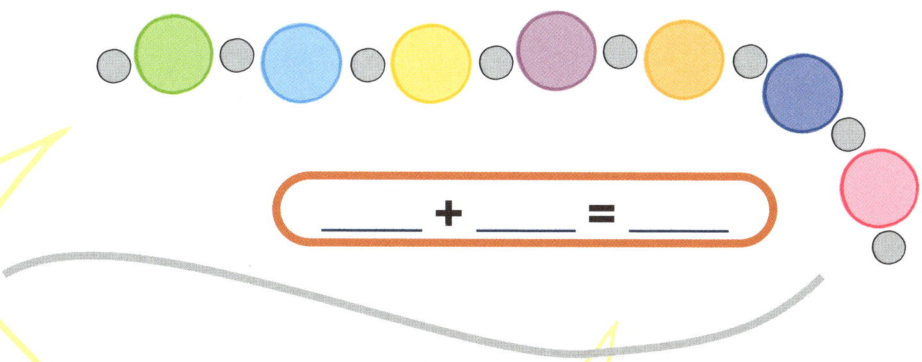

____ + ____ = ____

Noch einmal möchte Pfiff das machen.

Füllst du mit ihm die Tabelle aus?

	Zahl	das **Doppelte**	
1	●		2
2	●●		
3	●●●		
4	●●●●		
5	●●●●●		

Das war ja einfach! Nun nur noch mit Zahlen:

Zahl	4	5	6	7	8	9	10
das **Doppelte**							

Das hast du klasse gemacht!

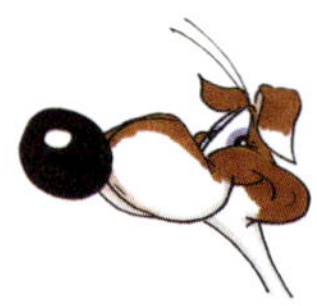

Das **Verdoppeln** kann Pfiff jetzt wirklich gut.
Aber wie ist das mit der **Hälfte**?
Molli hat 4 Äpfel. Pfiff hat nur die Hälfte.
Male hin, wie viele Äpfel Pfiff hat.

Pfiff hat ____ Äpfel.

Immer die **Hälfte**:
Gib die Hälfte in jede der Schalen! **Male**!

Das, was du gemacht hast, nennt man **halbieren**.

Halbiere auch diese Stücke! Streiche weg!

Pfiff schaut zu, was Fidibus macht.
Er braucht nicht zu rechnen.
Fidibus zaubert einfach die **Hälfte**.

Was bleibt noch übrig, wenn Fidibus die **Hälfte** weggezaubert hat? **Male** es hierhin!

Die Lösung findest du hinten.

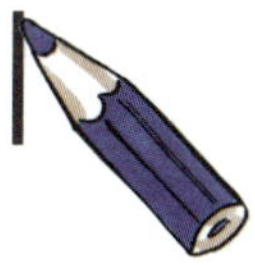

Aha, Fidibus hat es ja einfach.
Er hat seinen Zauberstab.
Aber du kannst sicher auch zaubern.
Mache bei der **Hälfte** einen Strich!

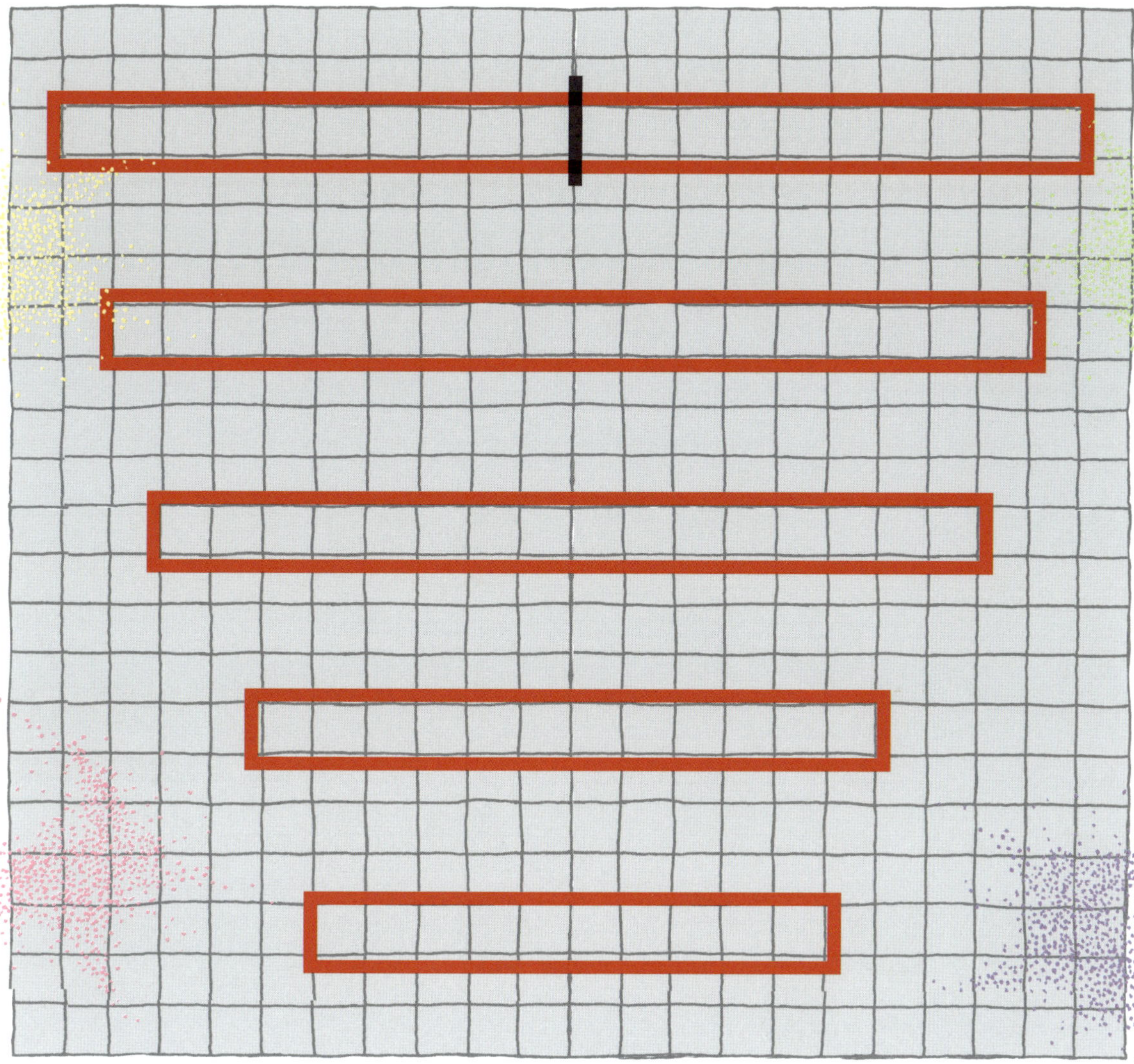

Hast du immer genau die **Hälfte** gefunden?

Schau doch nach, ob es auch richtig war,
wie du es gemacht hast.

Versuchst du das noch einmal?
Aber nur mit Zahlen? Pfiff hilft dir dabei.

Zahl	2	12	4	14	6	16	8	18	10	20
die **Hälfte**										

Dieses Mal sind Kathrins Armbänder viel zu lang.
Nichts für dünne Arme.
Deshalb muss aus jedem die Hälfte der Perlen wieder raus.

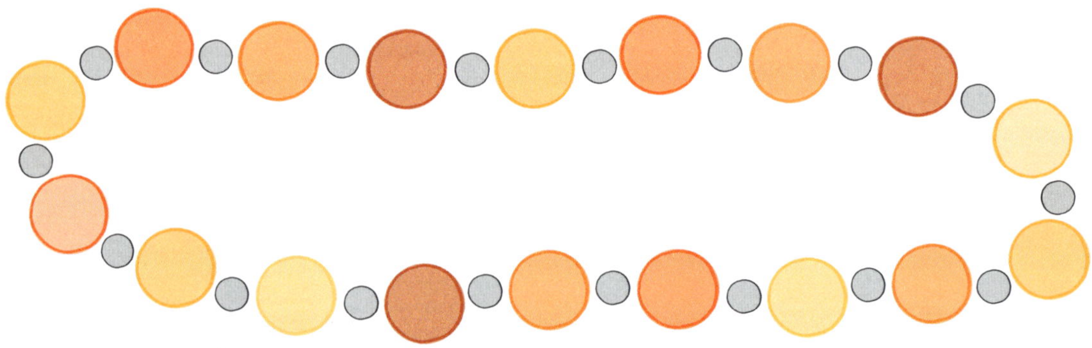

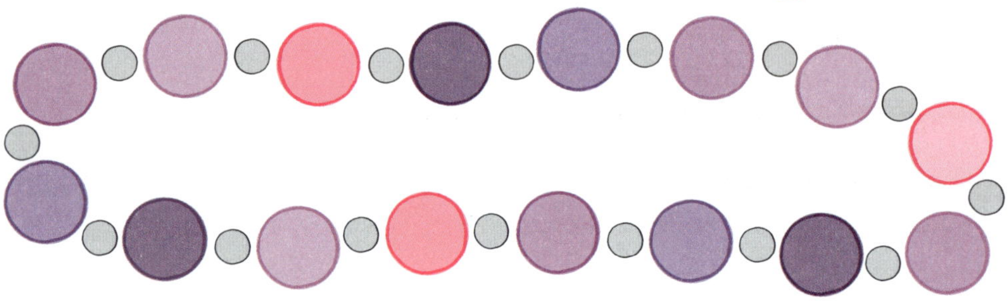

Streiche die **Hälfte**!

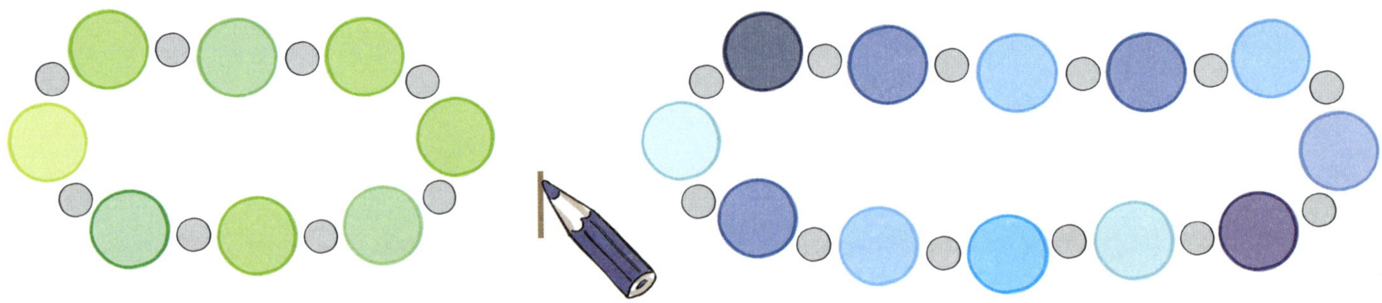

Der Lösungsteil sagt dir,
ob du immer die Hälfte gefunden hast.

Rechenstrategien

Kapitel 7

2. Gerade und ungerade Zahlen

Pfiff hat **6** Bonbons. Er gibt Tom die Hälfte.
Tom hat **5** Lutscher. Er möchte Pfiff die Hälfte geben.
Geht das denn?

Richtig! Das geht nicht.
Die Hälfte kann man nur bei **geraden** Zahlen wegnehmen.

Finde heraus, welche Zahlen **gerade**
und welche **ungerade** sind!

	1	2	3	4	5	6	7	8	9	10
Hälfte	X	1	X	2						
	11	12	13	14	15	16	17	18	19	20
Hälfte										

Hinten im Buch kannst du noch einmal sehen,
ob du alles richtig gemacht hast.
Aber zuerst die Tabelle ausfüllen!

Pfiff kennt jetzt die **geraden** Zahlen bis **20**.
Du sicher auch, oder? Dann prüfe dich doch selbst!

Trage die Zahlen mit **Rot** oder **Blau** ein!
Zur Kontrolle darfst du die Zahlen hier
noch einmal hinschreiben!

gerade Zahlen

ungerade Zahlen

Kreise hier noch einmal an, welche Zahlen
gerade und welche **ungerade** sind!

1	2	3	4	5	6	7	8	9	10
11	12	13	14	15	16	17	18	19	20

Das hast du super gemacht!

Fidibus ist ja ein toller Zauberer.
Wenn er Lust hat, zaubert er manchmal Rätsel her.
Hier hat er ein paar Rätsel für dich.
Möchtest du sie lösen?

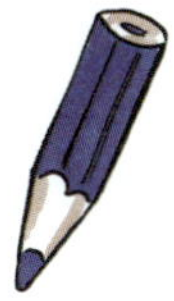

Meine Zauberzahl ist schnell gemacht:
das **Doppelte** von **8**.
Sie heißt ☐.

Wenn du's nicht schaffst, das wäre schade,
die Zahl ist **zwischen 4** und **8** und ist **gerade**.
Sie heißt ☐.

Das ist keine Zauberei: die **Hälfte** von der **2**.
Sie heißt ☐.

Das hat dir sicher viel Spaß gemacht. Bestimmt kommt Fidibus bald wieder mit seinen Rätseln.

Kapitel 7 Rechenstrategien

3. Zehnerüberschreitung

Pfiff hat vor sich **3** Bausteine liegen.
Molli legt noch **8** dazu.
Oh, das geht ja über den Zehner.
Malst du Mollis Bausteine dazu?

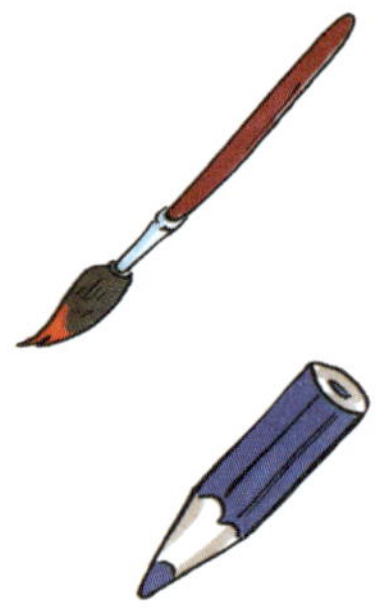

Schreibe die Aufgabe! **3 + ____ = ____**

Schreibe die Aufgabe! **____ + 6 = ____**

Schreibe die Aufgabe! **____ + 7 = ____**

Die Lösungen kannst du hinten nachschauen.

Mache doch die folgenden Aufgaben mit Pfiff und Molli genauso! Du kannst auch sehen, wie man die Rechenschritte im Kopf macht.

9 + 6 = ◯ L

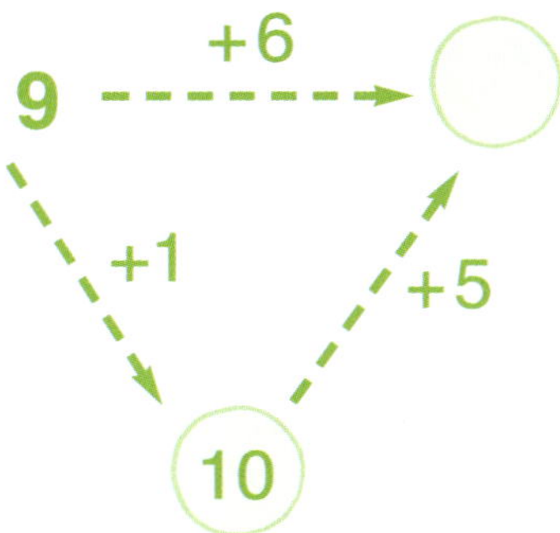

___ + ___ = ◯ B

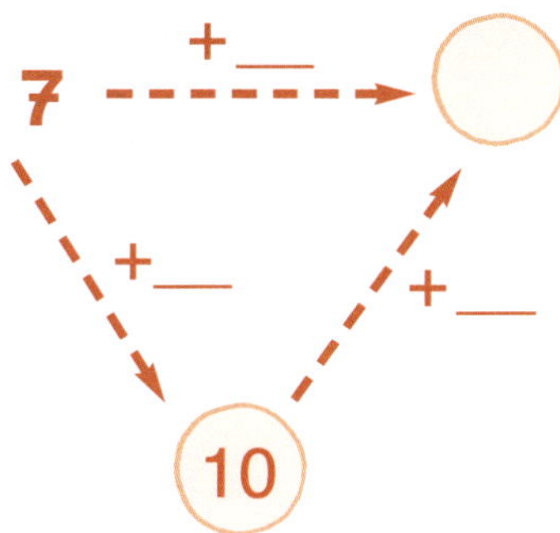

___ + ___ = ◯ A

___ + ___ = ◯ L

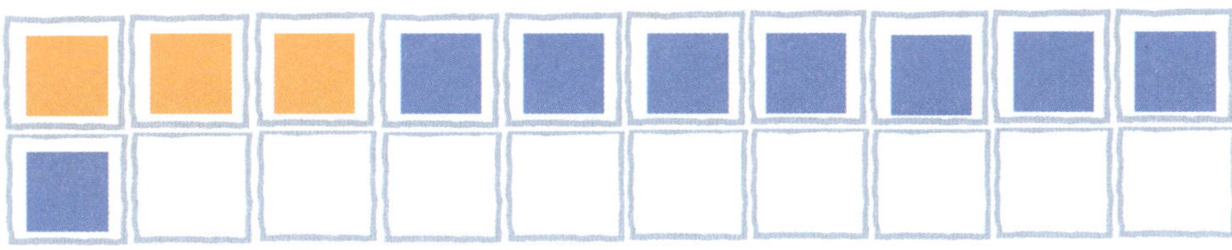

Pfiff und Molli spielen jetzt ___ ___ ___ ___.

12 13 15 11

Das kannst du jetzt sicher.
Rechne doch mit Pfiff und Molli die folgenden Aufgaben!
Wenn du alle richtig gelöst hast, kannst du lesen, was die beiden nach dem Rechnen machen werden.

7 + 7 = ____	8 + 8 = ____
5 + 7 = ____	9 + 8 = ____
7 + 6 = ____	10 + 10 = ____
2 + 9 = ____	9 + 9 = ____
7 + 8 = ____	10 + 9 = ____

11	12	13	14	15	16	17	18	19	20
I	U	S	M	K	H	Ö	E	N	R

Pfiff und Molli wollen nun

____ ____ ____ ____ ____   ____ ____ ____ ____ ____.

Hier kannst du nun beweisen, wie viel du schon gelernt hast. Möchtest du es mit Pfiff und Molli versuchen?

Das große **1+1**!

+	1	2	3	4	5	6	7	8	9	10
1						**7**				
2										
3									**12**	
4										
5			**8**							
6										
7								**15**		
8										
9			**12**							
10										

Ob du die Tabelle richtig ausgefüllt hast, kannst du hinten im Buch vergleichen.

Jetzt heißt es wieder Ordnung schaffen für Pfiff, nachdem er so viel gerechnet hat.

Was meinst du? Hast du noch Lust, ihm zu helfen?

Pfiff hat einige Kisten, in die er die Aufgaben einsortieren soll. Welche Aufgaben müssen in welche Kiste?

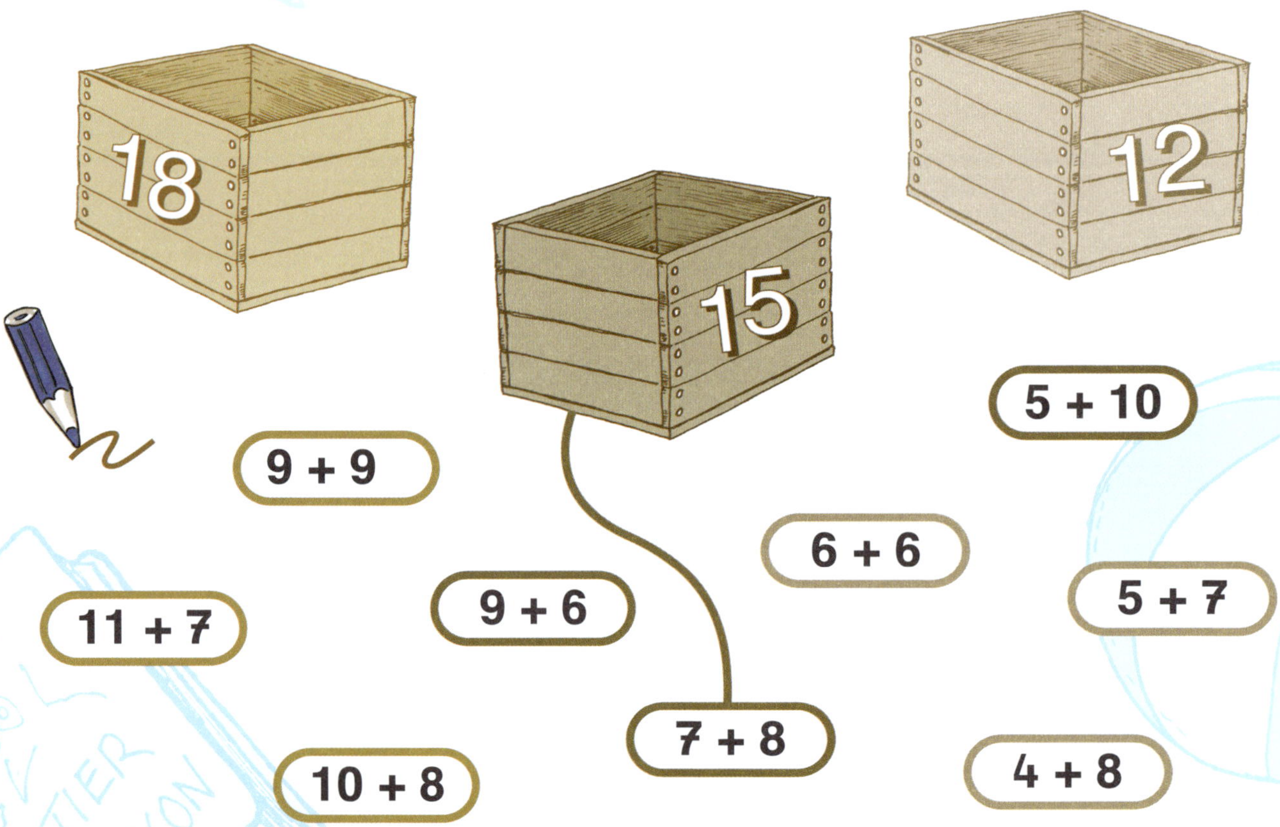

Möchtest du wissen, ob du schon ein guter Rechenmeister bist? Dann schau bei den Lösungen nach, wenn du alles geordnet hast.

Wenn du die folgenden Aufgaben auch noch richtig rechnest, hast du etwas zum Malen.
Pfiff geht nämlich in den Zirkus.

8 + ____ = 14	7 + ____ = 14
9 + ____ = 13	5 + ____ = 13
6 + ____ = 11	9 + ____ = 18
9 + ____ = 12	9 + ____ = 11
9 + ____ = 9	10 + ____ = 11

Male die Lösungsfelder an und du erfährst, was er dort gesehen hat.

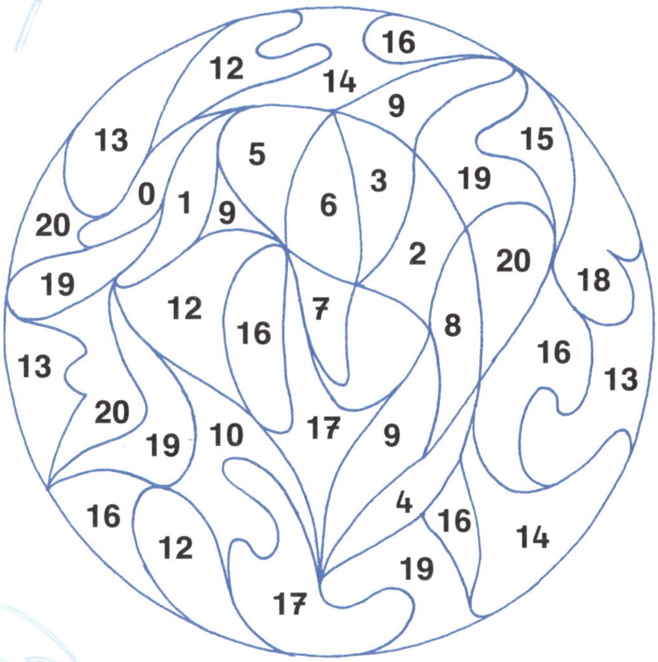

Pfiff ist ja schon beinahe ein Rechenkünstler.
Er möchte aber noch richtig fit werden. Deshalb übt er.

Draußen spingt er über Mauern und drinnen rechnet er Mauern. Kannst du diese Mauern auch überwinden?

Zähle die Zahlen in zwei Steinen nebeneinander zusammen. Schreibe die Summe in den Stein darüber!

Hast du die Mauern geschafft? Dann kontrolliere hinten!

Mauer über Mauern! Überall nur Mauern!
Aber du springst sicher schnell über sie.

		☐		
	☐		☐	
5		5		5

		☐		
	8		☐	
5		☐		5

		☐		
	☐		☐	
6		4		6

Auch hier findest du die Lösung hinten.

Guter Rechner oder guter Springer?

Pfiff und Molli möchten jedenfalls noch über mehr Zahlenmauern springen.

Die Lösungen kannst du hinten nachschlagen.

Fidibus hat Kathrin in seinen Zahlensack greifen lassen.

Kathrin zieht: 1 2 3 5 7 10

Sie baut:

10

7 3

5 2 1

Wie kann sie noch bauen? Versuche es!

Kathrin bleibt bei Fidibus und seinem Rätselsack.

Du weißt: In dem Sack sind die Zahlen bis **20**.

Welche Zahlen musst du ziehen?

1. Alle geraden Zahlen < 12:
2. Alle ungeraden Zahlen > 12:
3. Alle Zahlen in 4er-Schritten:
4. Alle Zahlen in 5er-Schritten:

Na, da hast du sicher viele Zahlen gefunden.
Schau bei den Lösungen nach, ob alles komplett ist!

Die 5 Freunde machen einen großen Ausflug.
Sie besichtigen eine Burg.
Rechne die Aufgaben und streiche die Lösungszahlen weg.

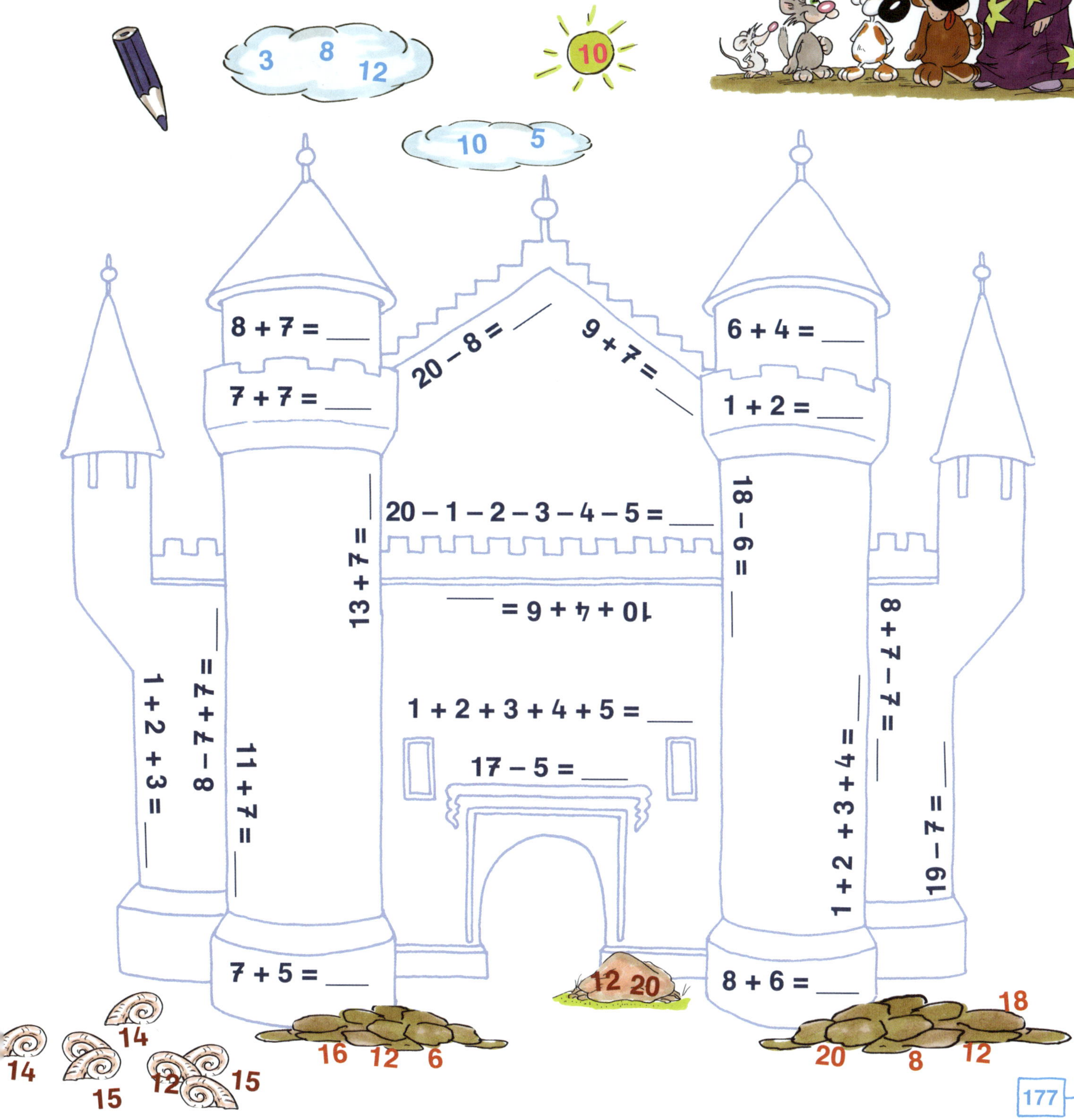

Nur wer die folgenden Aufgaben löst,
kann den Schlüssel zur Geheimtür in der Burg finden.
Hilfst du unseren Freunden?

17 – 9 =	___	S
19 – 10 =	___	T
15 – 8 =	___	Ü
12 – 6 =	___	R
5 + 9 =	___	N
1 + 7 + 2 =	___	U
3 + 12 =	___	G

Ordne die Lösungen nach der Größe!

Beginne mit der kleinsten Zahl.

____

Trage die Buchstaben ein!

Der Schlüssel liegt hinter der alten

___ ___ ___ ___ ___ ___ ___.

Natürlich spukt es auch ganz unheimlich in der Nacht.
Molli fürchtet sich.

Rechnest du die Gespensteraufgaben?
Wie lange ist es noch bis 12, bis zur Geisterstunde?

7 + ___ = 12
10 + ___ = 12
6 + ___ = 12
1 + ___ = 12

8 + ___ = 12
3 + ___ = 12
4 + ___ = 12
0 + ___ = 12

Ordne die Lösungszahlen den entsprechenden Buchstaben zu.
So heißt das Schlossgespenst.

2	4	5	6	8	9	11	12
R	E	G	U	I	L	S	X

Schreibe hier den Namen:

___ ___ ___ ___ ___ ___ ___ ___

Natürlich hat das Gespenst GRUSELIX
auch eine Frau.
Wie sie heißt, kannst du gleich erfahren.

19 – ___ = 12
20 – ___ = 12
13 – ___ = 12
17 – ___ = 12
14 – ___ = 12
16 – ___ = 12
12 – ___ = 12
18 – ___ = 12
15 – ___ = 13

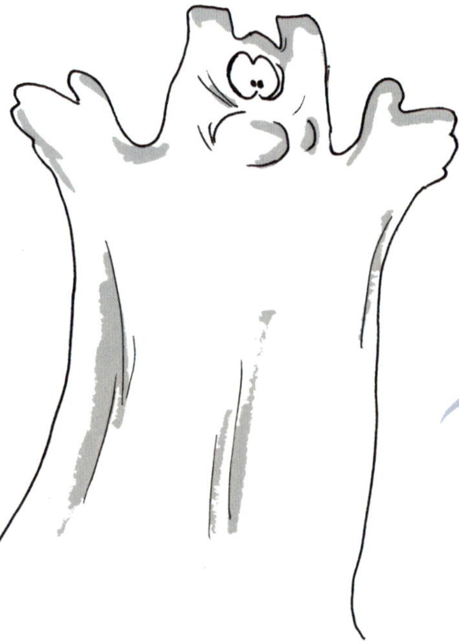

So heißt Frau Schlossgespenst:

0	1	2	4	5	6	7	8
I	U	E	L	S	N	G	R

Die Frau von GRUSELIX heißt

___ ___ ___ ___ ___ ___ ___ ___ ___.

Rechenstrategien Kapitel 7

4. Hunderterfeld und Zehnerzahlen

Bis **20** sind jetzt alle fit.
Du doch auch, oder? Na, prima.

Pfiff will jetzt bis **100** rechnen. Machst du mit?

Oh, hier gibt es ja viel zu sehen!
Kreise immer **10** ein! Schreibe dann **Z** und **E** auf!

Z	E

Z	E

Die Zahlen bis **100**.

1	2	3	4	5	6	7	8	9	10	**1 Zehner**
11	12	13	14	15	16	17	18	19	20	**2 Zehner**
21	22	23	24	25	26	27	28	29	30	**3 Zehner**
31	32	33	34	35	36	37	38	39	40	**4 Zehner**
41	42	43	44	45	46	47	48	49	50	**5 Zehner**
51	52	53	54	55	56	57	58	59	60	**6 Zehner**
61	62	63	64	65	66	67	68	69	70	**7 Zehner**
71	72	73	74	75	76	77	78	79	80	**8 Zehner**
81	82	83	84	85	86	87	88	89	90	**9 Zehner**
91	92	93	94	95	96	97	98	99	100	**10 Zehner**

Kannst du die **Z** jetzt zusammenzählen?

5 **Zehner** + 2 **Zehner** = ____ **Zehner**
5 **Z** + 2 **Z** = ____ **Z**

4 **Zehner** + 4 **Zehner** = ____ **Zehner**
4 **Z** + 4 **Z** = ____ **Z**

Das möchten Pfiff und Molli jetzt aber üben.
Sie freuen sich, dass sie schon mit Zehnern rechnen können.

4Z + 5Z = ____ Z	7Z – 6Z = ____ Z
3Z + 1Z = ____ Z	7Z – 4Z = ____ Z
8Z + 2Z = ____ Z	7Z – 2Z = ____ Z
5Z + 3Z = ____ Z	9Z – 7Z = ____ Z
1Z + 6Z = ____ Z	8Z – 2Z = ____ Z

Hier deine Lösungen: 1, 2, 3, 4, 5, 6, 7, 8, 9, 10
Streiche durch, was du schon hast!

Pfiff möchte weitermachen.
Das ist ja soooo einfach!

4Z + 3Z = 7Z

Das kann man auch so schreiben: 40 + 30 = 70

Rechne die Aufgaben! Male die Lösungsfelder an!

40 + 60 = ____	100 + 60 = ____
30 + 50 = ____	80 + 70 = ____
50 + 20 = ____	60 + 40 = ____
20 + 10 = ____	80 + 40 = ____
40 + 10 = ____	100 + 10 = ____

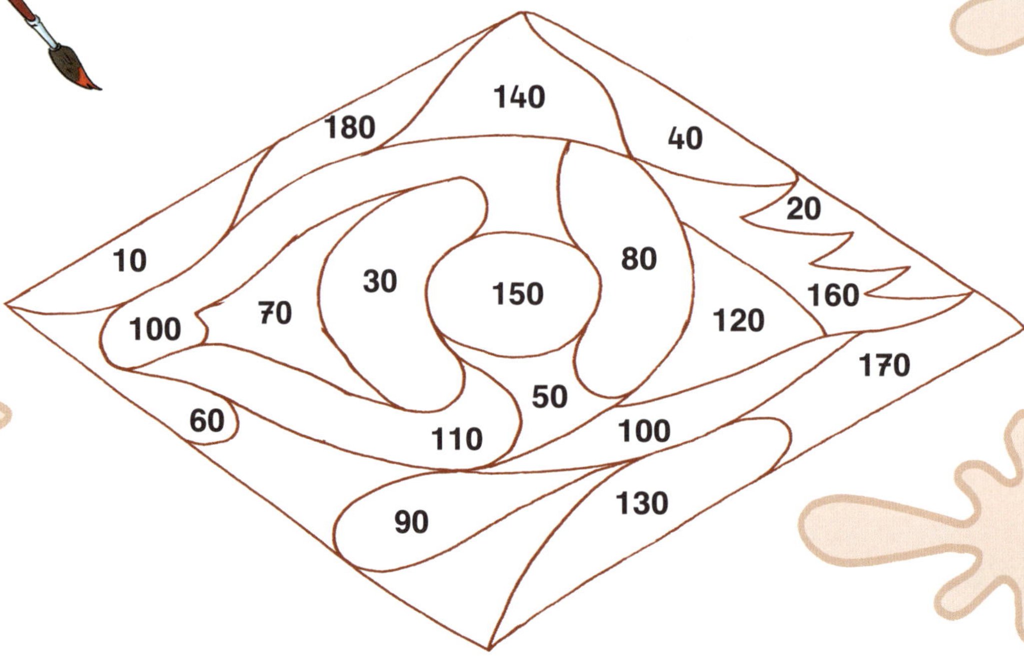

Pfiff und Kathrin stehen auf der Straße.
Die Häuser haben aber schöne Hausnummern.

Suche immer drei Aufgaben:

+ oder −

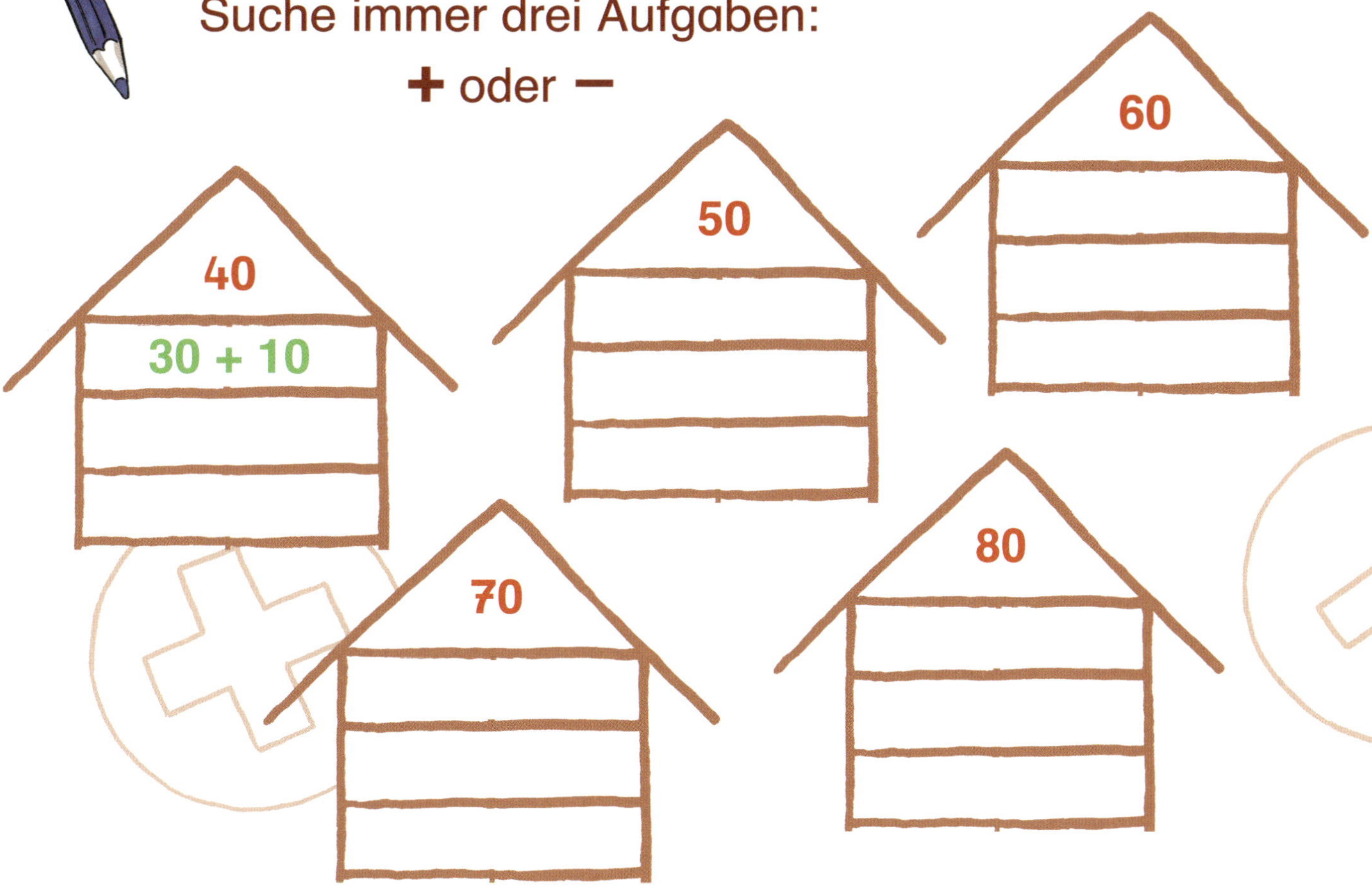

Du weißt ja schon, dass Molli und Kathrin immer gerne Ketten auffädeln. Sicher hilfst du ihnen.

Was fehlt in den Ketten?

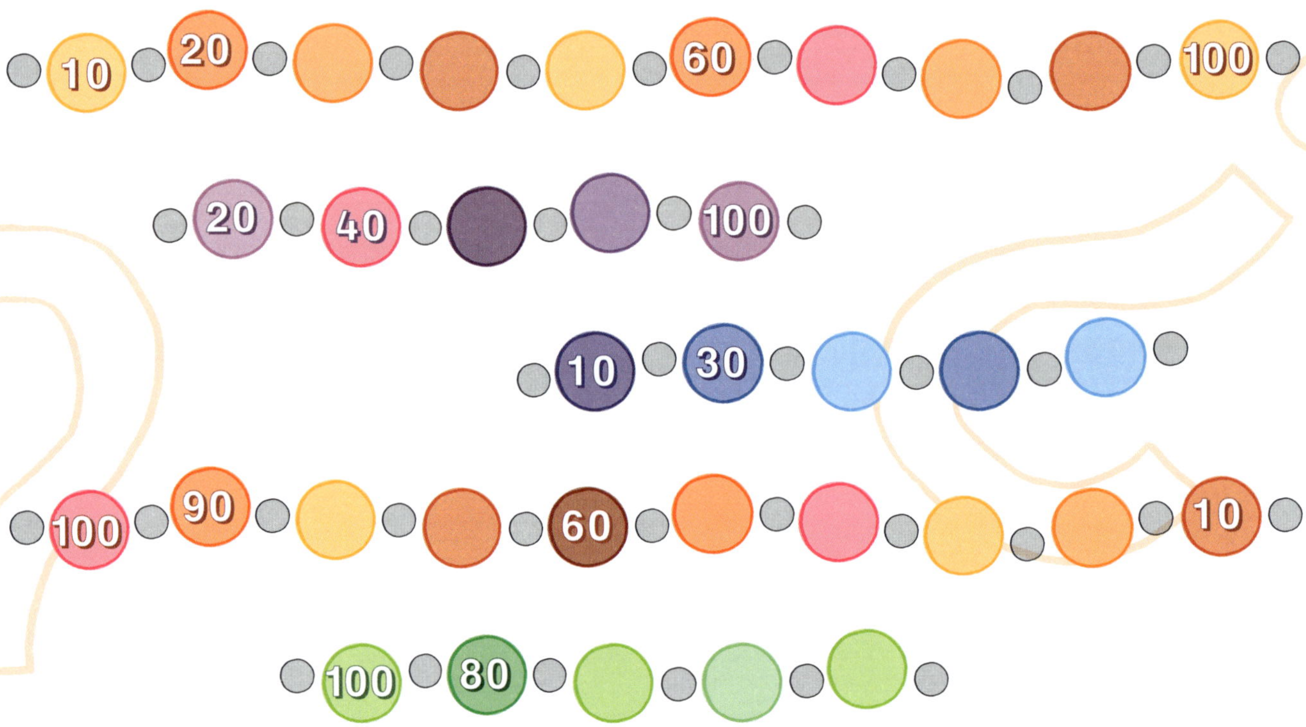

Sind deine Ketten gut geworden?
Schau doch hinten nach!

Das klappt doch gut mit den **Zehnern**. Pfiff freut sich.
Und wie ist das mit den **Fünfern**?

30 + 5 = 35
40 + ____ = ____

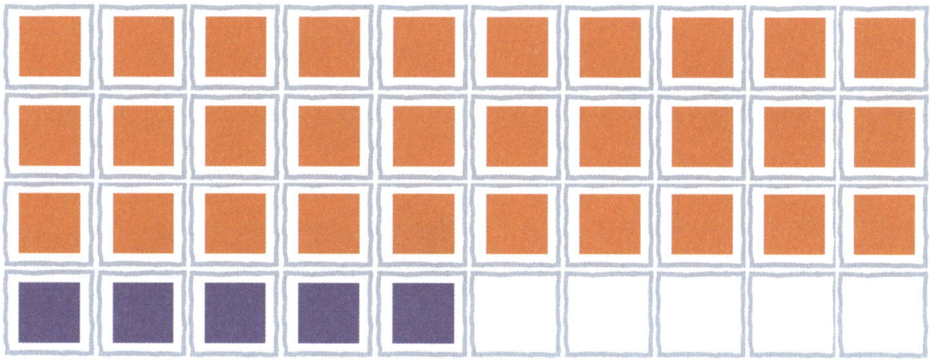

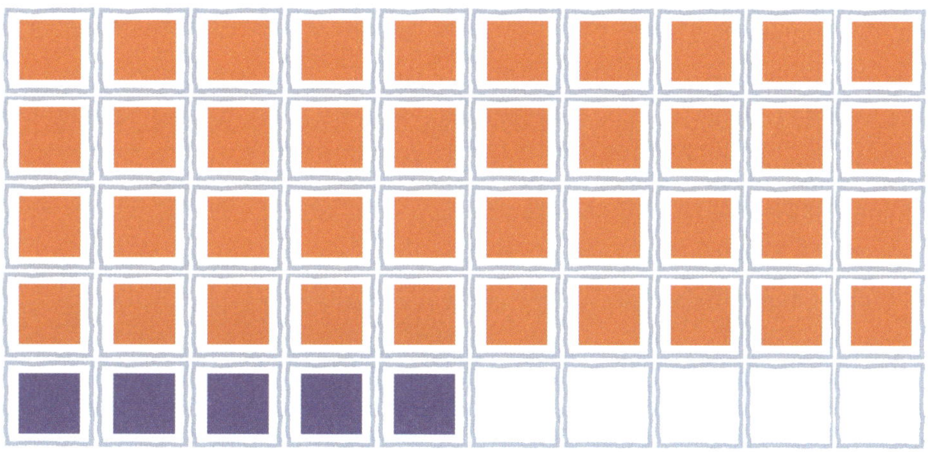

Das geht doch mit dem Minus sicher auch. Pfiff überlegt.

30 – 5 = 25

50 – 5 = 45

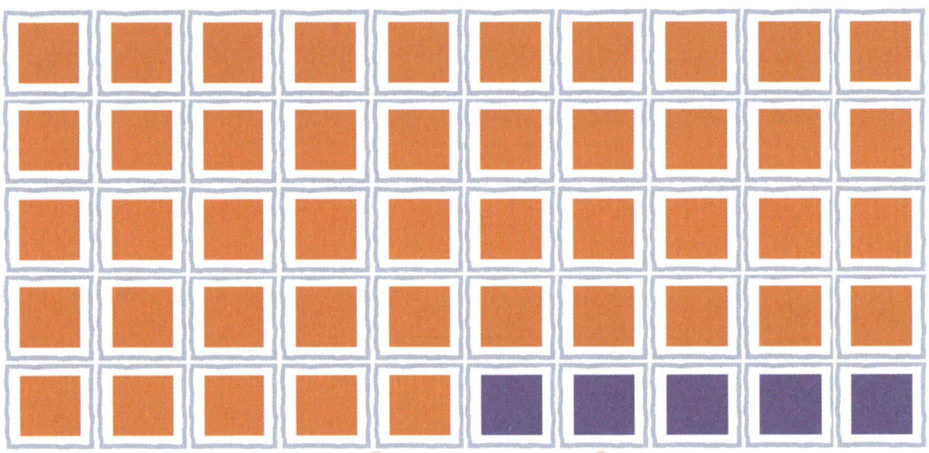

Los geht es! Pfiff rechnet die **Plus**aufgaben, Molli rechnet die **Minus**aufgaben. Rechne mit und du siehst, was sie am liebsten essen.

70 + 5 = ____	I
50 + 5 = ____	A
30 + 5 = ____	Z
80 + 5 = ____	Z
90 + 5 = ____	P

80 – 5 = ____	E
50 – 5 = ____	O
90 – 5 = ____	M
30 – 5 = ____	S
70 – 5 = ____	P
40 – 5 = ____	M

Pfiff mag

____	____	____	____	____
95	75	35	85	55

Molli mag

____	____	____	____	____	____
65	45	85	35	75	25

am liebsten.

Das kannst du jetzt mit Pfiff sicher rechnen.

Immer **+ 5** oder **– 5**

Rechne immer **+ 5** !

40 - 45 - 50 - ___ - ___ - ___ - ___ - ___ - 80

25 - 30 - ___ - ___ - ___ - ___ - 55

60 - 65 - ___ - ___ - ___ - ___ - 90

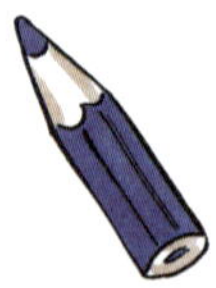

Rechne immer **– 5** !

30 - 25 - ___ - ___ - ___ - ___ - 0

70 - 65 - ___ - ___ - ___ - ___ - 40

100 - 95 - ___ - ___ - ___ - ___ - 70

Kontrolliere im Lösungsteil!

Uff, Pfiff ist geschafft. So viele **5**er!
Ob er die anderen Zahlen auch kann?
Was meinst du? Du kannst sie bestimmt.

Weißt du schon, dass Pfiff Schlangen liebt?
Oh, da kriechen ja welche! Mache sie vollständig!

Hier ist noch einmal die Hundertertafel. Du kennst sie ja.
Fidibus hat aber einige Zahlen weggezaubert.
Kannst du aufschreiben, welche Zahlen das sind?

1	2	3	4	5	6	7	8	9	10
11	12	13	14	N	16	17	18	19	20
21	22	23	24	25	26	27	28	R	30
31	32	33	E	35	36	37	38	39	40
41	42	43	44	45	B	47	48	49	50
51	52	53	54	55	56	57	58	59	60
61	62	U	64	65	66	67	68	69	70
71	72	73	74	75	76	A	78	79	80
81	82	83	84	85	86	87	Z	89	90
91	92	93	94	95	96	97	98	99	100

Schreibe hier die Zahlen auf!

Ordne sie mit den Buchstaben von groß nach klein.

Das kann Fidibus am besten:

____ ____ ____ ____ ____ ____ ____ .

Das hat Pfiff ja viel Spaß gemacht.
Deshalb möchte er für Molli ein ähnliches Rätsel machen. Die **100**er-Tafel ist fast leer.
Setze du die Zahlen an die richtige Stelle!

Setze diese Zahlen ein:
17, 22, 38, 41, 57, 70, 75, 84, 97

1									10
	12							19	
		23					28		
			34			37			
				45	46				
				55	56				
			64			67			
		73					78		
	82							89	
91									100

Die Lösung findest du hinten.

Am Ende des Buches macht Pfiff mit dir noch einen Wettkampf. Testet einmal, was ihr beide alles gelernt habt. Ob du alle Übungen kannst?

1. Hürdenlauf: Schaffst du die Mauer?

2. 50-m-Lauf: Laufe in 5er-Schritten!

3. Basketball: Welche Bälle gehören in den Korb?

70 – 30   10+ 30

60 – 20   45 – 5   25 + 5

4. Weitwurf: Setze > oder < oder = ein!

Pfiffs Würfe		Mollis Würfe		Toms Würfe
12 Meter	☐	18 Meter	☐	20 Meter
35 Meter	☐	35 Meter	☐	30 Meter
20 Meter	☐	30 Meter	☐	25 Meter

Die Lösung findest du hinten.

5. Fußball: Welche Bälle müssen in welches Tor?

Verbinde!

50 – 20

14 – 7

15 – 8

20 – 2

9 + 9

70 – 40

6. Dauerlauf: Fidibus läuft **5** Runden,
Tom läuft **7** Runden und Pfiff läuft **3** Runden.
Wie viele Runden sind sie zusammen gelaufen?

Hier die Stoppuhr. Trage die Zahlen ein!

____ + ____ + ____ = ______

Urkunde

für den Rechenmeister

Wir gratulieren dir!

Name des Inhabers: ______________________________

Pfiff

Lösungen

S. 50
rot: II
blau: III
gelb: I
Pyramide: I
Quader: IIII
Zylinder: I

S. 51
rot: II
gelb: IIII
blau: I
Pyramide: I
Quader: III
Zylinder: III

S. 83
2, 3, 4, 5, 6
3, 4, 5, 6, 7

6, 7, 8, 9, 10
5, 6, 7, 8, 9

4, 5, 6, 7, 8
6, 7, 8, 9, 10

S. 84

Pfiff	Kathrin	Molli
3	4	5
5	6	7
8	9	10
0	1	2
2	3	4
7	8	9
1	2	3
6	7	8

S. 88

4 < 5	7 < 10
5 = 5	8 > 5
6 > 2	

S. 89

10 = 10	5 < 6	0 < 6
10 > 5	5 > 3	1 > 0
10 > 7	5 > 2	3 < 5
8 > 5	5 < 7	5 < 9

S. 98
4 + 5 = 9
7 + 1 = 8
4 + 2 = 6
3 + 1 = 4
2 + 6 = 8
5 + 5 = 10

S. 99

	+1	+2	+3	+4	+5
1	2	3	4	5	6
2	3	4	5	6	7
3	4	5	6	7	8
4	5	6	7	8	9
5	6	7	8	9	10

S. 100
3 + 3 = 6
5 + 3 = 8
3 + 4 = 7
5 + 4 = 9

S. 102

5:	10:	7:
3 + 2	5 + 5	1 + 6
1 + 4	1 + 9	7 + 0
4 + 1	9 + 1	0 + 7
0 + 5	8 + 2	1 + 6
	2 + 8	5 + 2
	3 + 7	2 + 5
	7 + 3	3 + 4
	6 + 4	4 + 3
	4 + 6	
	0 + 10	
	10 + 0	

S. 103
8 + 1 = 9
4 + 2 = 6
7 + 3 = 10
5 + 0 = 5
2 + 2 = 4
Das Lösungswort lautet KÄFER.

S. 118

b) 7 - 8 - 9
c) 8 - 9 - 10
d) 11 - 12 - 13
e) 15 - 16 - 17
f) 17 - 18 - 19
g) 18 - 19 - 20

S. 119

1 - 6 - 11 - 16
2 - 7 - 12 - 17
4 - 9 - 14 - 19
3 - 8 - 13 - 18

S. 120

Molli: 0, 2, 4, 6, 8, 10, 12, 14, 16, 18, 20
Molli macht 10 Schritte.
Pfiff: 0, 4, 8, 12, 16, 20
Pfiff macht 5 Schritte.
Molli hat mehr Schritte gemacht.

S. 121

Z	E	Summe
1	1	11
1	2	12
1	3	13
1	4	14
1	5	15
1	6	16
1	7	17
1	8	18
1	9	19
2	0	20

S. 122

immer 10	immer 20
8 + 2	18 + 2
5 + 5	15 + 5
7 + 3	17 + 3
4 + 6	14 + 6

S. 124

15 – 5 = 10
17 – 3 = 14
8 – 6 = 2
5 – 5 = 0
18 – 6 = 12

S. 126

3 – 2 = 1	13 – 2 = 11
9 – 4 = 5	19 – 4 = 15
4 – 3 = 1	14 – 3 = 11
10 – 1 = 9	20 – 1 = 19
3 – 3 = 0	13 – 3 = 10
8 – 4 = 4	18 – 4 = 14

S. 128

Kaninchen	Schweinchen
5 – 3 = 2	6 – 5 = 1
7 – 4 = 3	8 – 2 = 6
2 – 1 = 1	

S. 133

15er-Kiste
10 + 5
20 – 5
13 + 2
17 – 2

16er-Kiste
10 + 6
20 – 4
13 + 3
17 – 1

17er-Kiste
10 + 7
20 – 3
13 + 4
17 – 0

S. 134

rechts von Tom = Kathrin
links von Molli = Kathrin
rechts von Fidibus = Tom
rechts von Kathrin = Molli
links von Pfiff = Molli

S. 135

Pfiff: rotes Auto (r), Ampel (r), Molli (l), Fahrrad (r)
Kathrin: gelbes Auto (r), Mädchen (r), Molli (r), Ampel (l)

S. 138

	vorne	hinten
oben	2 Gläser	5 Gläser
unten	4 Töpfe	2 Töpfe
zusammen	6	7

S. 139

	vorne	hinten
rechts	5	3
links	4	2
zusammen	9	5

S. 154

10 + 10 = 20
3 + 3 = 6
4 + 4 = 8

S. 156

einfach	doppelt
5	10
2	4
4	8
7	14
6	12
10	20

S. 160

	Zahl	die Hälfte
Bälle:	4	2
Würfel:	6	3
Reifen:	8	4

S. 161

Zahl	die Hälfte
20	10
18	9
16	8
12	6
10	5

S. 162

Zahl	2	12	4	14	6	16	8	18	10	20
Hälfte	1	6	2	7	3	8	4	9	5	10

S. 163

Zahl	1	2	3	4	5	6	7	8	9	10
Hälfte	x	1	x	2	x	3	x	4	x	5

Zahl	11	12	13	14	15	16	17	18	19	20
Hälfte	x	6	x	7	x	8	x	9	x	10

S. 166

3 + 8 = 11
7 + 6 = 13
8 + 7 = 15

S. 169

Das große 1+1

+	1	2	3	4	5	6	7	8	9	10
1	2	3	4	5	6	7	8	9	10	11
2	3	4	5	6	7	8	9	10	11	12
3	4	5	6	7	8	9	10	11	12	13
4	5	6	7	8	9	10	11	12	13	14
5	6	7	8	9	10	11	12	13	14	15
6	7	8	9	10	11	12	13	14	15	16
7	8	9	10	11	12	13	14	15	16	17
8	9	10	11	12	13	14	15	16	17	18
9	10	11	12	13	14	15	16	17	18	19
10	11	12	13	14	15	16	17	18	19	20

S. 170

18er-Kiste
9 + 9
11 + 7
10 + 8

15er-Kiste
7 + 8
9 + 6
5 + 10

12er-Kiste
6 + 6
5 + 7
4 + 8

S. 172

Die Spitze der 1. Mauer: 15
Die Spitze der 2. Mauer: 20

S. 173

Die Spitze der 1. und 3. Mauer: 20
Die Spitze der 2. Mauer: 16

S. 174
1. Mauer: 12
2. Mauer: 6

S. 176
1. 10, 8, 6, 4, 2
2. 13, 15, 17, 19
3. 4, 8, 12, 16, 20
4. 5, 10, 15, 20

S. 186
1. 10, 20, 30, 40, 50, 60, 70, 80, 90, 100
2. 20, 40, 60, 80, 100
3. 10, 30, 50, 70, 90
4. 100, 90, 80, 70, 60, 50, 40, 30, 20, 10
5. 100, 80, 60, 40, 20

S. 190
Rechne immer +5!
40, 45, 50, 55, 60, 65, 70, 75, 80
25, 30, 35, 40, 45, 50, 55
60, 65, 70, 75, 80, 85, 90

Rechne immer –5!
30, 25, 20, 15, 10, 5, 0
70, 65, 60, 55, 50, 45, 40
100, 95, 90, 85, 80, 75, 70

S. 193

1	2	3	4	5	6	7	8	9	10
11	12	13	14	15	16	17	18	19	20
21	22	23	24	25			28		30
			34			37	38		40
41				45	46				50
				55	56	57			60
			64			67			70
		73		75			78		80
	82		84					89	90
91						97			100

S. 194
1. Hürdenlauf:
oben die 6

2. 50-m-Lauf:
5, 10, 15, 20, 25, 30, 35, 40, 45, 50

3. Basketball:
Diese Bälle gehören in den Korb:
60 – 20, 70 – 30, 10 + 30, 45 – 5

4. Weitwurf:

Pfiffs Würfe		Mollis Würfe		Toms Würfe
12 Meter	<	18 Meter	<	20 Meter
35 Meter	=	35 Meter	>	30 Meter
20 Meter	<	30 Meter	>	25 Meter

S. 195
5. Fußball:

1. Tor: **30**	2. Tor: **18**	3. Tor: **7**
50 – 20	20 – 2	15 – 8
70 – 40	9 + 9	14 – 7

6. Dauerlauf:
Fidibus läuft 5 Runden,
Tom läuft 7 Runden
und Pfiff läuft 3 Runden.
Wie viele Runden sind sie zusammen gelaufen?
5 + 7 + 3 = 15 Runden insgesamt

Die Verwendung des Namens „Lernspaß mit Pfiff“ erfolgt mit freundlicher Genehmigung des Egmont Pestalozzi Verlags.
Redaktion: akapit Verlagsservice (www.akapit.de)